KB049394

우리의 밤은
너무 밝다

LICHT AUS!? LICHTVERSCHMUTZUNG
– DIE UNTERSCHÄTZTE GEFAHR

by Annette Krop-Benesch

우리의 밤은 너무 밝다

아네테 크롭베네슈 지음

이지윤 옮김

시공사

하지만 과연 지금은 어떠한가? 흑단처럼 검어야 할 지구의 밤이 갑자기 옅어졌다. 아니, 옅어졌단 표현만으로는 부족하다. 빛의 안개가, 빛의 홍수가, 빛의 산사태가 일어났다. 광자Photon*는 지금껏 경험하지 못했던 속도로 맹렬하게 지구 전역을 내달리는 중이다. 조밀하게 가로와 세로로. 그 빛은 목표물도, 심지어 경고가 될 만한 발열 작용도 없이 눈부시고 부자연스럽게, 혼란스럽고 정신없이 반짝인다. 밝게, 밝게, 더 밝게… 진동하던 광자는 비틀대다가 떨어지는 것으로 종말을 맞는다. 하지만 광자는 그것을 지켜보던 망원경 안이 아니라 그 망원경으로부터 몇 킬로미터 떨어진 아스팔트 바닥으로 떨어진다. 그리고 자동차 바퀴 밑에 한 가닥의 소리도 없이 묻혀 버린다. 그것이 광자의 운명이다.

토마스 포슈Thomas Posch, 1974-2019

---

* 빛 입자. 빛은 파동으로 설명이 가능하지만 불연속적인 에너지를 가진 하나의 입자처럼 행동하기도 한다. 광자의 에너지량에 따라 우리 눈의 시각 색소가 활성화되어 특정한 색깔을 인지하게 된다.

차례

1부

빛이 있으라

우리가 차를 타고 오덴발트 인근 국도를 달리고 있을 때는 이미 어둑해질 무렵이었다. 야생 동물의 이동이 잦은 가을이라 우리는 도로 주변에 사슴이나 멧돼지가 서 있지는 않은지 끊임없이 살폈다. 산 정상에 다다르자 숲에서 빠져나올 수 있었다.

그곳의 전망은 인상적이었다. 우리 눈앞에 펼쳐진 라인강과 마인강 인근의 야경은 볼거리로 가득했다. 지표면은 빛으로 엮어진 그물에 뒤덮여 있었다. 프랑크푸르트와 그 위성 도시인 오펜바흐 그리고 환하게 불을 밝힌 국제공항이 있는 북쪽 지평선은 붉은빛에 잠겨 마치 큰불에 휩싸인 것처럼 보였다.

우리는 고개를 젖혀 위를 올려다봤다. 하늘에는 불빛을 반짝이며 남쪽으로 날아가는 비행기들이 끊이지 않았다. 달이 뜨기 전이어서 비행기들은 하늘에서 가장 밝은 빛을 냈다. 간혹 별도 보였다. 오리온자리와 천칭자리 그리고 큰곰자리의 끄트머리도 보였다.

길은 산 아래로 향했다. 우리는 들판과 작은 마을 사이를 계속 운전해 지나갔다. 그곳은 전혀 어둡지 않아 우리는 가로등이 없는 국도에서도 충분한 시야를 확보할 수 있었다.

10년 후, 우리는 라인강으로부터 1만 4,000킬로미터 떨어진 곳에서 다시 핸들을 잡았다. 전조등은 암흑을 통과하지 못했고, 차는 곳곳이 파인 비포장도로를 천천히 달렸다. 불과 몇 분 전, 우리는 매우 낮은 고도로 날던 올빼미 한 마리를 거의

칠 뻔했다. 그것만으로도 불편해진 마음은 다음 번에는 다 자란 거대 캥거루와 충돌할지 모른다는 상상으로 더욱 쪼그라들었다.

주차장에 도착하자 무성한 수풀 사이로 불빛이 반짝였다. 우리가 차에서 내리자 청년 하나가 옆으로 다가왔다. "아, 오셨군요. 이리로 오세요." 우리는 생물학자들로만 작은 팀을 이루어 서호주 카리지니 국립 공원의 관리소에서 몇 주 묵기로 했다. 우리는 세상에서 가장 깜깜한 곳에서 별을 관찰하기 위해 텍사스에서부터 긴 여행을 감수한 천문학과 학생들 그룹에 합류했다.

우리를 둘러싼 어둠이 깊어지자 그날 밤 처음으로 나는 고개를 들어 하늘을 봤다. 그리고 할 말을 잃었다. 길고 흰 안개 더미 같은 은하에 둘러싸인 수천 개의 별이 우리 위에서 빛나고 있었다. 텍사스에서 온 교수가 설명하길, 우리가 마주하고 있는 것은 은하계의 중심부와 정면이라고 했다. 그 특별한 어둠을 보기 위해 그는 매년 학생들을 데리고 온다. 나는 그를 진심으로 이해할 수 있었다. 우리 위에 펼쳐진 별하늘은 내 평생 본 최고의 장관 중 하나다.

빛 공해

오늘 밤 베를린 외곽에 있는 내 집 테라스에 서서 하늘을 올려

본다면, 볼 수 있는 별의 수는 훨씬 적을 것이다. 내 어린 시절 헤센주의 오덴발트에서 경험했던 어둠은 이제 이곳에 없다. 카리지니의 깊은 어둠은 말할 것도 없다. 이웃 아파트 단지의 외부 조명, 맞은편 건물 옥상의 광고판 조명, 내가 사는 공동 주택의 복도 불빛, 그 너머 지하철역과 작은 공영 주차장의 가로등 덕분이다. 도심은 수많은 가로등, 자동차 전조등, 주택 조명이 이루는 거대한 빛 뚜껑에 덮여 있다.

이 책에서 내가 살펴보고자 하는 개념이 바로, 빛 공해다. 빛 공해란 인공적인 빛에 의해 밤이 밝아지는 현상을 말한다. 이 현상은 대부분의 사람이 더 이상 이상하게 받아들이지 않을 정도로 일반화되었다. 이상하게 여기기는커녕 오히려 인공조명으로 밤을 밝히는 것을 반기는 사람들이 많다.

우리가 밤을 밝히는 이유는 여러 가지다. 조명은 건물을 돋보이게 하고, 상점을 눈에 잘 띄게 하고, 광고판을 주목받게 한다. 하지만 가장 중요한 이유는 안정감이다. 주행성晝行性 동물인 우리는 햇빛 아래 삶에 적응해 왔다. 우리는 우리가 사는 세상의 정보 80퍼센트가량을 시각으로 입수한다. 그러므로 우리가 환한 밤을 반기는 것이 놀라운 일은 아니다.

독일 지질학연구소 물리학자인 크리스토퍼 키바Christopher Kyba는 "베를린 중앙 하케셔 마르크트의 구름 낀 하늘이 별이 빛나는 맑은 하늘보다 천 배가량 더 밝다"고 말했다. 그나마 베를린은 다른 대도시들보다 어두운 편에 속한다. 싱가포르는 밤에도 너무 밝아서 그곳 주민들의 눈은 어둠에 적응할 필요가 없을 정도다. 그곳에서는 기술 덕분에 수천 년 전부터 많은 이가 꿈꿔온 '밤의 폐기'가 현실이 되었다.

하지만 이는 싱가포르 이야기만이 아니다. 독일에서도 밤은 점점 낮으로 바뀌어 가고 있다. 그 정도가 너무 심해 때때로 혼란스러운 발광 환경이 조성되기도 한다. 건물 조명, 쇼윈도 불빛 그리고 자동차와 자전거의 깜빡이는 전조등에 가려져 가로등마저 제빛을 잃는다. 거기에 광고판처럼 다양한 색깔의 빛이 섞이면 혼란은 가중된다. 비가 오거나 안개가 끼는 궂은 날씨에는 운전자들이 차를 안전하게 몰기 위해 전조등의 밝기를 최고 수준으로 올린다. 이처럼 빛이 과도하게 뭉쳐 있는 상태를 '라이트 클러스터light cluster'라고 부른다. 이런 환경에서 우리 눈에 필요한 건 균형이 잘 잡힌 조명, 즉 명암 대비가 약한 빛이다. 우리가 도시에서 안전하게 움직이기 위해서는 그런 빛이 필요하다.

상황이 이러한데도 도로와 광장의 밝기에 대한 기준 값이 정해지지 않았다는 사실이 놀라울 따름이다. 그나마 유럽에서는 'EN13201'이란 그럴듯하게 들리는 규정이 하나의 표준으로 활용되고 있다. 이 규정은 경험치에 근거한 것으로 구속력은 없다. 하지만 그마저도 최솟값만 나와 있으며 최댓값은 설계자의 재량에 따른다. 최댓값이 얼마나 제각각인지는 유럽 국가 간 비교를 통해서도 확인된다. 유럽 남부는 다른 지역에 비해 밝은 편이며, 벨기에의 빈틈없이 불을 밝힌 고속 도로는 우주에서도 보일 정도다. 인공위성이 촬영한 독일과 오스트리아의 야경은 검은 바탕에 도심만 고립되어 불빛을 발하는 모습이다.

빛 공해는 도시만의 문제가 아니다. 파비오 팔치Fabio Falchi, 피에란토니오 신차노Pierantonio Cinzano, 크리스토퍼 엘피드제 Chritopher Elvidge는 1997년 처음으로 하늘의 밝기를 나타내는 세계 지도를 내놓았다. 이는 도시의 연합이 하늘의 밝기에 미친 막대한 영향을 드러내고, 빛 공해가 전 지구적 문제임을 나타내는 증거였다.[1] 도심과 도심이 연결되어 이루어진 광대한 연담도시의 불빛은 수백 킬로미터 떨어진 곳에서도 잘 보이는 거대한 뚜껑이 되었다. 그리고 2014년 갱신된 빛 공해 세계 지도는 더욱 악화된 상황을 나타냈다.[2] 유럽 밤하늘의 88퍼센트, 미국 밤하늘의 절반이 환해졌다. 이미 세계 인구의 3분의 1가량은 은하를 더 이상 볼 수 없는 지역에 살고 있다. 우리 조상들이 살던 시절에 광활한 밤하늘은 마음을 빼앗기기에 충분할 만큼 밝았다. 하지만 지금은 고성능 전조등과 광고판, 그 밖의 조명들이 더 이상 별이 빛날 수 없게 만들었다.

밤하늘이 밝아져 별을 관측할 수 없게 되는 현상을 '스카이 글로sky glow'라고 부른다. 이러한 현상은 대기 중에서 빛이 구름과 먼지, 부유 물질 등에 반사되고 산란*되어 일어난다. 자연

---

* 빛이 공기 중의 질소, 산소, 먼지 등과 같은 작은 입자와 부딪치며 사방으로 흩

상태의 하늘에서 구름은 별 앞에서 검은 얼룩처럼 보인다. 하지만 우리 도시 위 하늘에서 구름은 거리 조명의 색깔에 따라 붉게, 푸르게 또는 하얗게 빛난다.

빛으로 만들어진 뚜껑은 점점 커져 가는 추세다. 최근 들어 많은 도시와 마을이 가로등 조명을 LED**로 교체하고 있는데, LED의 청색광(블루라이트)은 붉은빛보다 산란의 정도가 더 강하다.

크리스토퍼 키바는 우리의 밤하늘을 밝힌 빛이 정확히 어디서 시작되었는지를 알고자 했다. 그래서 그는 베를린 자유대학교와 공동으로 카메라가 설치된 세스나Cessna 경비행기를 타고 베를린 밤하늘을 날며 지표면에서부터 하늘까지 수직으로 비치는 빛을 촬영했다. 그리고 라이프니츠 담수 생태학·내수면 어업 연구소Leibniz-Institut für Gewässerökologie und Binnenfischerei, IGB 의 헬가 쿼즐리Helga Kuechly와 함께 2,600장이 넘는 사진을 모자이크로 배열해 지표면의 광원을 일목요연하게 나타냈다.[3]

그 결과를 요약하자면 다음과 같다. 건물들이 눈에 확 띄도록 조명을 설치한 포츠담 광장이나 쇠네펠트 공항, 테겔 공항처럼 유난히 환한 지역은 한눈에 알아볼 수 있었다. 또한 공장

어지는 현상.
**   전자가 많은 n형 반도체와 양공이 많은 p형 반도체를 접합하여 만든 발광 다이오드. n형 반도체에 음(−)의 전압을 걸고, p형 반도체에 양(+)의 전압을 걸면 n형 반도체의 전자가 p형 반도체의 양공과 민나 빛을 발한다.

지대와 건설 현장도 쉽게 파악되었다. 그리고 측정된 빛의 3분의 1가량은 환하게 불을 밝힌 도로 주변에서 흘러나왔다.

어떤 사람은 안전상의 이유로 도로를 환하게 밝히는 것이 당연하다고 생각할지도 모른다. 하지만 빛은 도로 이용자를 위해 쓰이는 대신 하늘로 뻗어 나갔다. 우리는 그 사진에서 전 세계에서 밝혀진 빛의 3분의 1이 낭비된다는 사실과 함께, 깜깜한 도로를 감수하지 않고서도 에너지를 아낄 방도가 있다는 것을 알게 되었다.4

이러한 낭비는 기능보다는 매력적인 디자인과 외관에 중점을 둔 가로등의 확산에서 비롯되었다. 모든 방향으로 빛을 뿜어내는 공 모양 전등이 대표적인 예다. 만약 통행 경로에만 한정적으로 빛을 발하는 디자인의 조명을 사용한다면 우리는 많은 에너지와 돈을 아낄 수 있다. 혹시 당신은 그렇게 아낄 수 있는 돈이 그리 많지 않다고 생각하는가? 여기에 간단한 계산서가 있다. OECD에 따르면, 유럽연합 내 전체 전력 소비량에서 조명이 차지하는 비율은 14퍼센트다. 전 세계 전력 소비량에서는 19퍼센트를 차지한다. 그만큼의 전력을 생산하는 데 발생한 이산화탄소는 19억 톤이다.5

유럽연합에서 가로등이 소비하는 전력만도 전체의 1~2퍼센트에 달한다. 이것만으로는 그리 많지 않게 들릴 수도 있다. 하지만 마을 단위로 범위를 좁히면 가로등이 전체 전력 소비량의 45퍼센트를 차지하는 지역도 있다.6 독일에서 2008년과

2009년 각각 거리와 광장, 다리 조명에 소비한 전력은 40억 킬로와트시^{kWh}였다. 이는 4인으로 구성된 100만 가구가 한 해 동안 소비한 전력량과 얼추 비슷하다. 금액으로 환산하면 7억 6,000유로 정도고, 그 전력을 생산하는 데 이산화탄소 200만 톤이 배출되었다.[7]

하지만 이걸로 모든 계산이 끝난 것은 아니다. 이 전력 소비량은 여전히 수은증기등과 나트륨증기등을 기준으로 한 것이기 때문이다. 그러나 몇 년 전 조명 업계에 등장한 LED등은 가로등 분야에도 새 시대를 열었다. 기존 전등에 비해 에너지 효율이 높고 수명도 길다. 필요에 따라 얼마든지 자주 껐다 켰다 할 수 있으며 색깔을 정확하게 내고 빛을 정교하게 배치할 수도 있다. 환경·자연 보호론자들은 가로등의 LED 교체에 희망을 품게 되었다.

그들은 LED등의 효율이 뛰어나므로 더 적은 전기로도 같은 밝기를 낼 수 있으리라 기대했다. 또한 조절하기 쉬워 꼭 필요한 곳에만 빛을 비출 수 있으리라 예상했다. 그렇게 잃어버리는 빛을 줄여 가면 에너지를 절약할 수 있고 주변 지역과 하늘에 미치는 빛 공해를 줄일 수 있다고 기대했다.

하지만 2017년 11월 이 희망이 실제와 다르다는 것이 증명되었다. 측정 결과 빛 공해가 전혀 줄어들지 않은 것으로 나타난 것이다.[8] 크리스토퍼 키바는 보고서를 통해 빛 공해가 줄어들기는커녕 해마다 평균 2.2퍼센트씩 증가한다고 발표했다.

"점점 더 많은 지표면이 환해졌고, 이미 환해진 다른 지표면은 더 밝아졌다. 우리는 LED가 빛 공해의 문제를 감소시키리라 생각했지만 상황은 더 악화되었다."

빛 공해가 늘어난 정도는 나라마다 달랐다. 이탈리아, 네덜란드, 스페인, 미국에서는 수치 변화가 없었다. 하지만 이들 나라는 이미 오래전부터 야간 조명에 관해서는 선두에 서 있었다. 증가세가 두드러진 곳은 남미와 아프리카, 아시아의 경제 개발이 진행 중인 지역이었다. 더 어두워진 나라는 얼마 없었다. 유럽에서 한결 어두운 편에 속하는 독일의 하늘은 아주 조금 밝아졌다.

신제품의 가격이 저렴해지면 사용 빈도가 늘어난다는 것은 이미 잘 알려진 사실이다. 이 사실을 우리는 전화와 인터넷이 확산되는 과정을 통해 알게 되었지만, 그중에서도 가장 확실한 사례를 보여 주는 건 전등이다. 100년 전에 100와트^{W}짜리 백열등을 한 시간 동안 켜기 위해서는 오늘날보다 3,200배 더 많은 비용이 필요했다. 당시에는 한 시간 불을 켜는 데 들어가는 비용을 벌기 위해 노동자 한 사람이 세 시간을 일해야 했으나 오늘날은 1초만 일하면 된다. LED등이 출시되자 전등 불빛의 가격은 더욱 낮아져서 일반인도 외부 조명을 켜서 자기 집을 밝힐 수 있을 정도가 되었다.

그래서 불빛의 가격 하락이 오히려 더 많은 불빛을 이끌어 냈다고 이해하는 것이 논리적이다. 우리가 현재 전 세계에서 목격하는 것이 바로 그러한 반동 효과다. 좋은 의도로 밝힌 불이 꼭 삶의 질을 향상시킨다고 볼 수 없다. "가로등을 세운 사람들은 환하다는 게 나쁜 의미가 될 수 있다고 생각하지 않았을 것이다." 한 좁은 골목에 LED 가로등이 설치된 후 그곳 주민이 쏟아낸 불평이다. 그녀의 이웃은 블라인드를 끝까지 내린 후에야 잠자리에 들 수 있게 되었다. 여름밤 잠결에 선선한 바람을 느끼거나 새벽녘 날이 밝는 기미를 느끼며 살포시 잠에서 깨는 일은 아예 불가능해졌다. 이에 사람들은 거리에 조명을 강화하는 일이 애당초 필요했느냐는 의문을 제기하기에 이르렀다. 과거에도 그 거리에는 교통사고나 강도 사건이 일어난 적이 없었기 때문이다.

지나친 조명 아래 놓인 것은 거리만이 아니다. 빛은 어디에서나 넘쳐흐른다. 고층 빌딩, 공장 건물, 교회, 성, 다리 등의 불빛이 대부분 미학적인 이유에서 문자 그대로 '각광'을 받는다. 이는 스카이글로 현상이 일어나는 데 기여할 뿐 아니라, 인근 주민들에게도 심각한 해를 끼친다.

그럼에도 오늘날 빛 공해는 거의 화제가 되지 못한다. 무엇보다 빛은 안전과 밀접한 것으로 여겨지기 때문이다. 안전을 위해서라면 도시의 밤하늘에서 별을 잃어버리는 것쯤이야 감수할 수 있지 않은가? 하지만 그것은 별을 바라보는 것보다 훨씬 중대한 문제다.

생태학자들은 세계 곳곳에서 인공조명의 비극적 결과물을

발견했다. 우리 모두가 한 번쯤은 여름밤 전등을 향해 날아드는 벌레 때문에 난처했던 경험을 갖고 있다. 그와 비슷하게 빛은 새를 이끄는 작용을 해서 매년 10억 마리 이상의 새가 전등 불빛 때문에 목숨을 잃는다. 불빛은 동물의 습성과 신진대사에 영향을 미치고, 식물의 성장을 변화시킴으로써 먹이사슬과 생태계에 예기치 못한 영향을 미친다. 또한 의학자들은 불빛이 사람에게 심혈관계 질환, 비만, 우울증, 발암을 일으킬 가능성이 높다고 경고한다.

이제 늘어난 빛 공해를 해결하기 위해 머리를 모아야 할 때가 무르익었다. 하지만 이 문제를 논하려 마음먹은 사람조차도 무지와 거부감이 쌓아 올린 벽에 부딪칠 때가 많다. 빛이 도둑이나 강도를 예방하는 데 도움이 된다는 믿음은 증명된 바가 없음에도, 밤에 불빛을 밝히지 말자는 제안은 범죄에 대한 공포심을 불러일으킨다.

대규모 환경 단체조차 과도한 혹은 잘못 설치된 조명의 영향은 부차적 문제로 다룰 뿐이다. 빛 공해를 알리기 위해 조직된 단체인 스타스포올Stars4All의 오스카어 코르초Oscar Corcho는 "마치 80년대 사람들이 흡연의 해악에 무지했던 것처럼 오늘날 사람들은 빛 공해의 부정적 영향을 알지 못한다"고 말했다. 이어 그 원인을 "사람들이 이해하기 어려워한다는 것이 문제다. 빛 공해는 다른 종류의 공해만큼 동물에게 직접적 영향을 미치지 않기 때문이다"고 설명했다. 빛 공해로 인한 피해는 종종 빛과 연관해 생각할 수 없거나 심지어는 인식조차 할 수 없을 정도로 서서히 나타난다.

또한 빛 공해는 곧잘 과소평가된다. 이 책은 빛 공해의 원인과 그것이 인간과 자연, 환경과 사회에 미칠 수 있는 논리적 귀결을 이해하기 쉽게 설명하기 위해 쓰였다. 빛에 여러 측면이 있듯 이 책도 그렇다. 당신은 이 책을 앞부터 차근차근 읽을 수도 있지만 이리저리 들춰 가며 읽어도 무방하다. 그리고 나는 당신에게 빛 공해를 측정하는 방법과 그것을 줄이는 데 도움이 될 수 있는 방법들도 알려 주고자 한다.

이 책의 끝머리에서 당신은 불을 끄는 것이 이 문제의 유일한 해답인가라는 질문을 마주하게 될 것이다. 에너지 절약에 도움이 되면서도 환경친화적이고 동시에 우리 삶의 질과 안전을 향상시킬 수 있는 다른 해법은 없을까? 이 질문에 답하기 전에 먼저 인공조명의 역사를 잠시 훑어보자.

아프리카의 사바나 초원 위로 어둠이 내려앉으면 작은 무리의 인류는 거처로 돌아갔다. 밤이 엄습하면 그들의 목숨은 위태로웠다. 슬슬 약탈 행군을 시작하는 표범과 하이에나, 들개의 오감은 어둠 속에서 인류의 선조들보다 몇 배나 뛰어난 기능을 발휘했다. 직립 원인Homo erectus은 낮에 최적화되었다. 그들의 눈은 가능한 넓게 보았고 다양한 색채를 분간했다. 하지만 밤이 되어 빛이 사라지면 보이는 게 적었다. 그들에게 밤은 은신처를 찾아 잠을 자고 다음 날이 밝기를 기다리는 시간이었다.

빛의 역사

인간이 밤의 위협에 직면해 불을 발명하지 않았더라면, 결코 발명가라는 명성을 얻지 못했을 것이다. 불은 어둠 속에서 볼 수 있게 하고, 야생 동물을 물리치고, 온기를 제공하고, 요리를 허락했다. 하지만 선사 시대의 깊은 역사에서는 인간이 불을 다루게 된 정확한 시기를 알 수 없다. 인간이 불을 사용한 오래된 증거는 50만 년 전 베이징 인근에 살았던 베이징 원인 Sinanthropus pekinensis에게서 나왔다.

불 덕분에 인간이 발휘하게 된 능력이 하나 더 있다. 작은 전등을 든 예술가들은 땅 아래로 내려가 어두운 동굴 벽을 쪼아서 그림을 그렸고 오늘날 우리는 그 그림에 경탄한다. 유물로 남겨진 가장 오래된 전등은 4만 년 전 것이다. 조상들은 편평한

석회암에 움푹한 구멍을 내고 동물성 기름을 넣어 불을 붙였다. 벽화의 작은 부분을 비추기에 충분한 정도의 불빛은 오늘날 우리의 눈에도 충분히 매혹적이다.

동물성 기름은 연료로 오랫동안 선호되었으나 처음부터 그랬던 것은 아니다. 동물의 몸에서 기름을 얻으려는 생각에 이르기 위해서는 창의력이 필요했다. 몇몇 종족들은 지방 함량이 많은 동물을 빛의 연료로 사용하기 위해 과도한 실용성을 발휘했다. 밴쿠버 섬에서는 말린 연어에 불을 붙였고, 영국 스코틀랜드 북쪽에 있는 셰틀랜드 제도에서는 바다제비 입에 심지를 꽂았다. 폴리네시아 섬에서 사용한 조명의 기술은 보다 낭만적이다. 그곳 사람들은 반딧불이를 장에 넣어 휴대하기 쉬운 전등을 만들었다. 이후 중국의 도둑들은 이 전등의 장점만을 적극 활용해, 반딧불이를 넣은 전등에 덮개를 달아 추적을 피했다.

이 모든 소명은 오늘날 기준에서 보자면 약한 빛으로 아주 작은 부분만 밝힐 수 있는 수준이었다. 거리가 밝혀지기까지는 좀 더 오랜 시간을 기다려야 했다. 어느 시점까지 그것은 상상하기도 힘든 일이었다. 로마 제국이나 중국 왕조가 다스리던 거리도 밤이면 암흑에 휩싸였다. 지금까지 알려진 바로는 가장 오래된 거리 조명이 세워진 곳은 고대 시리아의 수도인 안티오크Antioch였다. 나머지 세상은 좀 더 기다려야 했다.

도시라고 해서 밤길이 위험하지 않은 건 아니었다. 달이 뜨지 않는 밤이면 거리는 너무 어두워서 장애물이 보이지 않았다. 로저 에커치Roger Ekirch는 《잃어버린 밤에 대하여》에서 16, 17세기 유럽의 거리를 묘사했다. 당시에는 행인이 어둠 속에서 구덩이와 석탄 더미 혹은 잡동사니에 발이 걸려 목숨을 잃는 일이 비일비재했다. 하천이나 운하로 떨어져 익사하기도 했다.

또한 도시의 어둠은 범죄를 일삼기에 좋은 환경이었다. 에커치는 밤이면 거리를 쏘다니며 행인들을 공격하던 젊은이들 중에 좋은 집안 출신들도 적지 않았다고 적었다. 여성들은 밤길을 걸으면 강간을 당하거나 매춘부로 오해받았다.

그럼에도 밤에 이동을 해야 하는 사람들은 전등을 직접 손에 들거나 하인의 손에 들렸다. 전등의 불빛은 길을 비출 뿐만 아니라 전등을 든 사람의 얼굴도 함께 드러내어 불순한 의도가 없다고 알려 주었다. 하지만 범죄자들의 눈에도 전등을 든 사람이 잘 보이는 탓에 오히려 범죄에 노출될 위험을 일으키기도 했다. 일정 수준 안전을 보장하기 위해 야경단이 조직되었다. 낮에는 생업에 임하는 시민들이 밤에는 허술한 장비를 갖추고 무급으로 순찰을 돌았다.

당연히 사람들은 대부분 어둠이 내려앉으면 집 밖으로 나가지 않는 편을 선호했다. 성문이 닫히고 만종이 울린 다음에야 성에 다다른 나그네들은 성벽 밖에서 밤을 지새워야만 했다. 성 안에서도 통행금지를 실시하는 곳이 드물지 않았다. 산파, 의사, 목사 정도가 밤에도 집 밖으로 나갈 수 있었다. 그들도 어둠 속에 어떤 위험이 매복하고 있을지 몰라 경호원을 대동하고 움직였다.

밤에도 기를 쓰고 집 밖으로 나가야 할 이유는 그리 많지 않았다. 사람들은 사방이 어두워지면 대부분 하루 일과를 끝냈다. 촛불이나 등불의 가물거리는 빛 아래에서는 할 수 있는 일이 적었기 때문이다. 또한 일을 하느라 불을 켜기에 연료 값이 너무 비쌌다. 농촌에서는 밤이면 부인들이 한집에 모여 촛불을 켜 놓고 이야기를 하며 수작업을 하곤 했다. 도시에서는 음식을 하느라 불을 피운 부엌 주변으로 식구들이 모였다.

우리는 오랫동안 사람들이 예나 지금이나 7~8시간 통잠을 잤을 것이라고 짐작했다. 하지만 역사 문헌이 보여 주는 그림은 전혀 다르다. 사람들은 부족한 조명 때문에 해가 지자마자 잠자리에 들어 해가 뜨면 일어났다. 겨울에는 특히 긴 시간 자야 했다. 에커치는 옛날 사람들은 한밤중에 깨어 한두 시간 다른 일을 하다가 다시 잤다고 전했다. 사람들은 깨어 있는 동안 어둠 속에서 생각, 기도, 명상 혹은 친교 활동을 했다. 오늘날에도 인공조명을 사용하지 않는 원시 부족들은 이런 분할 수면을 한다.

그들이 야간 조명을 포기한 이유는 잠재적인 화재 위험 때문이었다. 빛은 항상 활활 타오르는 불의 일부였고 한순간에 도시 하나를 폐허로 만들어 버릴 수 있었다. 가로등을 건사하는 일 또한 복잡하고 비용이 많이 들었다. 그을음이 너무 많이 나는 것을 막으려면 시시때때로 심지를 관리해야 했다.

그럼에도 사람들은 야간 조명을 원했다. 1417년 런던에서는 시내 모든 주택 소유자에게 집 밖에 불이 켜진 등을 내걸 것을 의무화했다. 1461년부터 1483년까지 프랑스를 통치했던 루이 11세는 모든 파리 시민에게 창문에 전등을 하나씩 내걸라고 명령했다. 16세기에는 유럽과 북미의 도시들에서 비슷한 지시가 내려졌지만 사람들은 그것을 최소한으로 따랐다. 행인이 길을 알아보기에 달빛이 충분히 밝지 않은 밤에만 불을 켰다.

1662년 가로등 역사에 일대 혁신이 일어났다. 런던이 최초로 공공장소에 석유등을 설치한 것이다. 파리는 1667년부터 2년간 가로등 3,000여 개를 세웠다. 베를린, 코펜하겐, 빈, 라이프치히, 상트페테르부르크, 뮌헨 등의 도시들도 서둘러 그 뒤를 따랐다. 하지만 여전히 보름달이 뜬 밤에는 등이 필요하다고 생각하지 않았다. 여름밤에도 등에 불을 붙이지 않았다.

모든 사람이 밤을 밝히는 일을 환영하기만 한 것은 아니며, 모든 도시가 빛이 범죄를 예방한다는 전제를 받아들인 것도 아니다. 영국 버밍엄에 살았던 이푸 투안Yi-Fu Tuan은 자기가 사는 도시의 범죄율이 런던보다 낮은 것은 너무 캄캄하기 때문이라고 기록했다. 쾰른에서는 밤에 암흑이 사라지자 퇴폐와 만취 행각이 늘어났다고 단정하는 사람도 있었다.

실제로 석유등을 밝히면서 야간 활동이 늘어났다. 술집에서 다음 술집으로 옮겨 가는 길이 덜 위험해졌고, 원뿔 모양 등불 사이에 생겨난 그림자 아래에서는 매춘부들이 활개를 쳤다.

가로등은 결코 사회적으로 균일하게 확산되지 않았다. 주거지와 위락 시설에 설치된 조명으로 제일 먼저 혜택을 본 것은 도시의 부유층이었다. 범죄자들은 불이 켜지지 않은 구역으로 후퇴하거나 가로등을 깨부수었다. 1688년 빈에서는 가로등을 파손한 벌로 오른손을 자르라는 판결이 내려졌다.

하지만 가로등의 확산이 오직 범죄 예방만을 위한 것은 아니었다. 인공조명은 지배층의 권위와 통치력의 상징이 되었다. 국가의 도덕적, 정치적 신념에 부합하지 않는 자는 더 이상 어둠으로 숨을 수가 없게 되었다. 불을 밝히는 목적은 시민들이 끊임없이 권력을 두려워하도록 만드는 데 있었다.

국가에 의한 감시가 강해질수록 시민들의 저항도 점점 자라났다. 그중에서 가장 격렬했던 저항은 1789년 프랑스 혁명에서 일어났다. 당시 가로등은 공권력의 상징으로 공분의 대상이 되었고 그것을 부수는 일은 정권에 맞서 저항을 표현하는 행동이었다. 석유등의 불빛이 사라지자 파리 모든 구역이 암흑천지가 되었다. 그리고 부서진 가로등은 새로운 용도로 쓰였다. 단두대가 제 역할을 하기 전, 관리들은 부서진 가로등에 목이 달려 처형되었다. 가로등이 국가 권력의 상징에서 그 실패의 상징으로 전락한 것이다.

정권은 바뀌었지만 빛에 대한 욕망은 달라지지 않았다. 갖은 저항에도 불구하고 도시는 점점 더 밝아졌다. 인공조명을 사용하는 부자들의 목적이 오로지 즐거움에만 있었던 것은 아니다. 늦은 밤까지 고급 상점에서 쇼핑을 할 수 있게 하고 사치스러운 파티에서 흥청망청 놀다가 다음 날 아침 늦게 일어나게 만드는 불빛은 그 자체로 부의 상징이 되었다.

농촌의 사정은 좀 달랐다. 그곳에 오랫동안 불빛이 없는 것은 문화적으로 낙후되었다는 의미로 읽혔다. 하지만 그것이 전부는 아니었다. 그때부터 교회와 국가는 시민의 삶을 통제하려는 의도로 야간 조명을 활용했다. 농촌 지역의 어둠은 그러한 통제로부터 보호막이 돼 주었다. 농촌 주민들은 환하게 불을 밝힌 카페 대신 빈약한 촛불 아래로 모였다. 그곳에서 주로 부인과 소녀들이 베틀로 옷감을 짰고 젊은 사내들도 심심찮게 그곳을 찾았다.

18세기에는 고래기름이 연료로 쓰였다. 그를 위해 북대서양과 남방의 참고래 수천 마리가 목숨을 내놓아야 했다. 고래 사냥에는 제한이 없었고 거기서 나온 지방은 고품질의 전등 기름이 되었다. 하지만 사람들이 쓰기에는 너무 비쌌다. 고래를 잡으려면 열악한 상황 속에서 고된 노동을 해야 했다. 남자들은 고래 잡는 칼에 베여 다쳤다. 심지어는 몇 톤씩 되는 거대한 고래가 배를 부숴 버려 구조를 기대할 수 없는 망망대해로 사라진 목숨도 여럿이었다. 어부들은 바다의 이 모든 위험에서 예외가 될 수 없었다. 하지만 이러한 상황과 무관하게 전 세계 대도시 사람들은 점점 더 밝고 더 깨끗한 불빛을 꿈꾸었다.

1801년 프랑스 기술자인 필리프 르봉Philippe Lebon이 처음으로 가스등 점화에 성공했다. 그가 세상에 내놓은 불빛은 적당히 밝았고 기름등보다 그을음도 적었다. 그전에는 대규모 시설을 밝히기 위해서 수천 개의 촛불과 기름등에 일일이 불을 붙여야 했다. 하지만 가스관을 연결하면 건물 전체 조명을 수월하게 관리할 수 있었다. 공장과 대규모 상업 시설이 제일 먼저 가스등을 도입했다.

1808년 런던 소호 지역에는 가스 가로등이 처음 설치되었다. 파리, 하노버, 베를린이 그 뒤를 이었다. 가스등의 빛은 인류가 경험한 그 어떤 불빛보다 밝았다. 주변을 대낮처럼 밝히면서도 빛 자체는 달빛처럼 은은했다. 당시에는 마치 인공조명의 발전이 절정에 이른 것처럼 생각되었다.

가스등의 도입은 고래 개체 수의 심각한 감소를 막아 냈다는 면에서 생태계에 큰 도움을 주었다. 일단 고래기름으로 작동하는 기름등이 노후되자 고래잡이는 급격하게 줄어들었다.

하지만 가로등이 더 밝아지자 다시 한 번 민중의 저항이 일어났다. 1819년 3월 28일 독일 쾰른의 한 신문에는 다음과 같은 제목의 기사가 실렸다. "가로등은 모두 사악하다." 주장의 근거는 다양했으며 이전부터 여러 차례 제기되었던 우려를 포함하고 있었다.

기사에 따르면, 가로등으로 거리를 밝힌 것은 하나님이 정한 질서에 간섭하는 행위였다. 불빛이 몇몇 죄악의 유혹을 막아 주었던 어둠에 대한 두려움을 쫓아 버렸기 때문이다. 또한 밤의 불빛이 술집 방문과 젊은 남녀의 점잖지 못한 교제를 수월하게 만들었다. 안전에 관한 염려도 있었다. 밝은 빛이 말들을 겁먹게 하는 한편 도둑들을 과감하게 만들었다는 것이다. 기사는 기름과 가스 그을음이 건강에 미칠 악영향을 걱정하며 '허약한' 사람은 밤에 거리를 쏘다니는 것만으로도 위험하다고 주장했다.

비용에 대한 비판도 있었다. 가로등을 밝히는 비용은 시민 모두의 부담이지만 그것을 이용하는 사람은 소수이고, 오히려 어떤 사람에게는 방해가 될 수도 있다는 이유에서였다. 게다가 외국에서 들여오는 석탄과 석유가 국부를 갉아먹는다고도 했다. 마지막으로 조명이 일상화되면서 애국심을 고취하는 민족적 축제의 불빛이 그 의미를 잃어버린 것 또한 간과할 수 없는 문제라고 지적했다.

그리고 신제품 가스등의 연료를 추출하는 무연탄의 수요가 증가했다. 무연탄을 채굴하는 깊은 갱도에는 가스가 새어 나와 불이 붙을 위험이 언제나 있었다. 탄광에서 불을 피운다는 것은 엄청난 위험을 감수해야만 하는 일이었다. 그래서 불빛을 최소한으로만 밝혔다. 어떤 광부들은 깊은 어둠을 헤쳐 나가기 위해 발광 물고기를 활용하기도 했다. 이 모든 노력에도 폭발과 붕괴, 침수 등의 사고는 일상다반사였다. 빛을 향한 욕망은 많은 사람의 목숨을 그 값으로 치렀다.

인공조명을 점화하기 위해 목숨을 바친 사람들이 불빛의 아름다움을 즐길 수 있는 경우는 매우 드물었다. 새로운 조명 기술은 먼저 부유층 거주지부터 도입되었으며 그중에서도 호화로운 상점가가 최우선이었다. 19세기가 되자 '밤 문화'라는 새로운 개념이 생겨났다. 엘리트들은 베르사유 궁전이 전성기를 구가하던 시절부터 진짜 빛을 능가하는 인공조명의 힘을 빌려 밤이 깊도록 파티를 즐기곤 했다. 그리고 점점 이 사치스러운 여흥은 상류층 전반에 퍼졌다. 저녁 늦게까지 상점들은 문을 열었고 부자와 미녀는 불이 밝혀진 대로를 유유히 거닐었다.

노동 계급이 모여 사는 거주지의 풍경은 이와 사뭇 달랐다. 그들은 여전히 싸구려 양초의 가물거리는 불빛이나 그을음투성이 기름등 아래에서 생활했다. 상류층이 파티를 벌이는 동안, 노동자들은 암흑 속에서 그날의 피로를 풀었다.

이제 막 새로운 기술로 개발된 가스등이 정착하는가 싶더니 조명 기술에 다시금 혁명의 조짐이 일었다. 전기등이란 신제품이 나타난 것이다. 전기는 발견된 이후로도 오랫동안 사용되지 못한 채 그저 호기심의 대상으로만 남아 있었는데, 19세기 초 험프리 데이비Humphry Davy가 최초로 아크arc등*을 발명했다. 아크등의 빛은 가스등보다 더 밝고 번쩍거렸다. 그러나 사용이 번거로웠다. 당시에는 전기 생산이 저렴하지도 않았고 장거

---

* 전극 사이에 전류가 흐를 때 생기는 전기 불꽃을 이용한 등. 두 개의 탄소봉을 접촉한 다음 강한 전류를 통하면서 조금씩 떼면 불꽃이 그 사이를 날고 탄소봉은 백열화白熱化하여 강렬한 빛을 낸다.

리 송전도 불가능했다. 그래서 1866년 에른스트 베르너 폰 지멘스Ernst Werner von Siemens가 발전기를 발명하여 상황을 바꾸기 전까지는 거리에 가스등을 사용했다. 지멘스의 발명으로 경제적으로 유의미한 전기를 배터리와 상관없이 생산할 수 있게 되었다.

최초의 아크 가로등이 런던에서 불을 밝힌 건 1878년이었다. 당시 사람들이 쓴 글에 따르면 아크등이 켜지자 마치 해가 다시 뜬 것 같았다고 한다. 새들은 가로등 아래에서 노래하기 시작했고 부인들은 빛을 피하기 위해 양산을 펼쳤다. 이전에는 가스등의 그림자가 드리워졌던 곳이 이제는 모든 각도에서 상상도 못했던 강도로 밝아졌다. 인간의 눈이 더 이상 야간 모드로 전환되지 않아도 되고, 밤에도 색깔을 구별할 수 있을 정도였다. 이로써 대낮처럼 환한 밤에 대한 사람들의 욕망은 마침내 충족된 것처럼 보였다.

심지어 아크등은 가스등보다 저렴하기까지 했다. 파리에서 아크등 하나는 가스등 여섯 개를 대체했다. 하지만 빛이 너무 밝은 탓에 가로등의 기둥을 높여야만 했다. 그리고 여기서 새로운 형태의 가로등이 생겨났다. 넓은 지역을 밝히기 위해 굳이 여러 개의 가로등을 세울 이유가 무엇인가? 높은 타워 하나만으로도 충분하지 않은가? 그리하여 미국에 이른바 '달빛 타워Moonlight Tower'가 세워졌다. 50~70미터 높이의 달빛 타워에 장착된 4~6개의 아크등이 상가와 항구를 환히 비추었다. 디트로이트는 이 타워를 70개나 세워서 세계에서 가장 환한 도시가 되었다. 당시 이 새로운 불빛에 마음을 빼앗긴 한 목격자는 달빛 타워에는 달빛의 낭만마저 서려 있다고 기록했다.

하지만 세상 모두가 이 인공 달의 출현에 열광한 것은 아니었다. 소설가 로버트 루이스 스티븐슨Robert Louis Stevenson은 전기등을 악몽으로 묘사하며 살인과 강도 그리고 정신 병원을 비추기에 적당할 뿐이라고 악평했다. 활기찬 도심에 세련된 분위기를 선사한 이 새로운 발명품이 조용한 주택가에 걸맞지 않다는 것도 문제로 지적했다. 사실 그저 걸맞지 않은 정도가 아니었다.

달빛 타워가 밤을 낮으로 만들자 휴식을 취하지 못한 닭과 거위가 탈진하여 죽었다. 많은 사람이 달빛 타워의 불빛 때문에 혼란을 느꼈다. 강한 불빛이 특정 방향을 비추면서 그만큼 강한 그림자가 생겼기 때문이다. 때론 안개를 뚫지 못한 빛이 도시 위에 내려앉기도 했다. 어느 날 밤에는 하늘은 밝게 빛나는 데 거리는 캄캄한 기현상이 벌어졌다. 전기선과 와이어로 겹겹이 둘러싸인 실용적 철제 건축물이 도시 한중간에 버티고 서 있는 것이 보기 좋은 광경은 아니었다. 타워가 넘어져서 주변 인가를 덮치는 사고도 드물지 않았다. 그러다 보니 가스등의 부드러운 불빛에 대한 향수가 커졌다.

결국 대중의 부정적 정서가 비용 문제를 상쇄시켰다. 달빛 타워는 사라지고 그 자리에는 다시금 가스등이 세워졌다. 하지만 대낮같이 밝은 빛에 대한 사람들의 동경은 여전히 남아 있었다. 아크등은 그것이 가능하다는 사실을 입증했다. 전깃불을 일상적으로 활용할 수 있는 다른 길이 모색되었다. 그리고 마침내 토머스 앨바 에디슨Thomas Alva Edison이 그 길을 찾았다. 1854년 요한 하인리히 괴벨Johan Heinrich Göbel이 발명한 전구에 에디슨이 시장성을 더했다.

에디슨에게는 적이 하나 있었으니 바로 잠이었다. 그는 잠을 시간 낭비로 여겼고 하루에 4시간만 잔다고 자랑했다. 모자란 잠을 채우기 위해 낮에 꾸벅꾸벅 존다는 이야기는 굳이 하지 않았다. 그는 인간이 자지 않으면 더 건강하고 더 효율적이 되리라 생각했다. 결국 전구가 인간의 생활에서 잠을 몰아냈으므로 에디슨은 자기 목표에 가까이 다가간 셈이다.

그는 셀 수 없이 많은 실험 끝에 1879년 백열등을 시장에 내놓았다. 그것은 실내조명계의 일대 혁명이었다. 화재의 위험도 그을음도 없었으며 가스등처럼 번거롭게 관리할 필요도 없었다. 그 이전까지 그러했듯이 이번에도 조명 기술에서 일어난 혁명이 에너지 공급원의 혁명으로 이어졌다. 에디슨의 백열등은 안정적 전기 공급을 필요로 했다. 그래서 웨스팅하우스 전기 회사는 1894년 니콜라 테슬라Nikola Tesla의 지원을 받아 나이아가라 폭포에 당시로서는 가공할 만한 규모의 수력 발전소를 설립했다.

처음에 전기를 주로 소모한 것은 전등이었으나 점점 다양한 전기 기기들이 출시되었다. 세탁기, 다리미, 청소기 등은 형편이 넉넉한 주부들의 생활을 파고들었다. 20세기 중반에 이미 미국과 유럽 거의 모든 가정에 전기가 연결되었다.

전깃불은 산업계 노동자들에게는 3교대라는 새로운 부담을 안겼다. 오랫동안 휴식과 재충전의 시간이었던 밤은 생산성 향상을 위해 무자비하게 활용되기 시작했다.

외부 조명에도 새로운 가능성이 열렸다. 1893년 시카고에서 열린 만국 박람회에서 백열등 20만 개와 아크등 6,000개가 도시의 건물들을 밝혔다. 그렇게 선보인 '백색도시White City'는 현대 사회의 이상이 되었다.

그로부터 몇 년 지나지 않아 다른 도시들에도 전깃불이 밝혀졌다. 가로등을 두고는 여전히 가스등과 경쟁 구도를 형성했지만 건물 조명계는 전깃불이 평정했다. 고층 건물들은 어마어마한 불빛으로 외관을 치장하여 시선을 사로잡았다. 1909년 허드슨풀턴Hudson-Fulton 축제 기간 동안에는 맨해튼만이 아니라 150마일에 달하는 허드슨 강변 전체가 전등으로 밝혀졌다. 무엇보다 이 행사의 조명이 당시 유행했던 건물 조명과 다른 점이 있었다. 고층 건물들끼리 경쟁하듯 각각의 불을 밝힌 것이 아니라 지역 전체가 마치 연극 배경처럼 하나의 그림으로 비추어졌다는 점이었다. 이러한 행사는 전기를 할인 가격으로 제공한 전력 회사들의 지원으로 이루어졌다. 그들은 그런 식으로 넘쳐나는 야간 전기를 판매할 수 있었다. 이러한 사업 모델은 오늘날까지도 살아남은 것으로 보인다. 수많은 지역 사회와 공공시설의 조명이 전력 회사들에 의해 설계되고 운영되고 있다.

때마침 밤을 정복할 새로운 형식의 광고판이 시장에 나왔다. 바로 네온사인이었다. 얼마 지나지 않아 그 빛은 형형색색을 띠게 되었고 기업들은 그것을 대형 광고판에 적용했다. 데이비드 나이David Nye는 그 결과 도시의 야경이 조화를 이루지 못하고 혼란에 빠졌다고 묘사했다. 유럽과 달리 미국 도시들에는 그에 대한 규제가 거의 없었다. 파리나 베를린 같은 도시들도 전기 가로등으로 환해지긴 마찬가지였지만 거의 모든 유럽 도시들이 네온사인의 사용만은 특정 장소 혹은 시간에만 가능하도록 엄격하게 규제했다. 도시의 풍광을 해치지 않기 위해서였다. 1911년 베를린에서는 세계 최초로 '도시 풍광 보호를 위한 자치 경찰법'이 제정되었다.

이전과 마찬가지로 도시의 새로운 조명에 대한 반응이 긍정적이기만 한 것은 아니었다. 상점이 즐비한 거리의 조명에서 나온 빛은 거대한 뚜껑처럼 도시 위를 덮었고 이는 도시 경관을 저해할 뿐 아니라 낭비의 상징이 되었다. 미국 작가 로랑 고디네즈Laurent Godinez는 이 불빛들 때문에 도시가 저마다의 개성을 잃고 지독하게 단조로워질 것이라고 경고했다.

사람들도 밤하늘이 사라지고 있음을 알아챘다. 베를린에 있던 천문대는 1913년에 포츠담 바벨스베르크로 이전을 해야만 했다. 그때 이미 베를린에서는 밤하늘을 과학적으로 관찰할 수 없는 지경이 되었기 때문이다. 시민들 사이에서도 별이 빛나던 깜깜한 밤을 잃어버린 데 대한 한탄이 잇달아 터져 나왔다. 심지어 전쟁 시절 휘황찬란한 불빛을 그리워하던 사람들마저 그때의 암흑천지를 낭만적인 기억으로 소환했다.

하지만 조명 기술의 발달은 거기서 끝나지 않았다. 에너지 소모가 많은 백열등 사용이 증가하자 전기 공급에 문제가 생겼다. 사람들은 효율이 높으면서도 열을 덜 내는 빛을 찾기 시작했다. 그리하여 20세기가 20년 지날 즈음 가스방전등이 발명되었다. 가스방전등의 대표적인 유형이 바로 형광등이다. 형광등은 백열등이 쓰는 전기의 4분의 1만 쓰고서도 같은 빛을 낸다. 열로 소모하는 에너지도 백열등의 4분의 1에 불과하다.

그렇다면 형광등은 단점이 없을까? 있다. 바로 빛이 매우 차가워 보인다는 것이다. 그래서 형광등은 주로 작업장 내부를 밝히는 데 사용되었고 현재도 사용되고 있다. 가스방전등은 에너지 절약형 전구가 도입되고 마침내 집 안으로 들어올 수 있게 되었지만 큰 사랑을 받지는 못했다. 최근까지 가스방전등의 일종인 백색 수은증기등과 주황색 나트륨증기등은 가로등으로 널리 사용돼 왔다. 그사이 가스등을 볼 수 있는 도시는 몇 개 남지 않았다. 오늘날 베를린의 가로등 22만 4,000여 개 중 가스등은 3만 개가 조금 넘는다. 그나마 가스등의 메카로 불리는 베를린이라 이 정도다. 다른 도시들에서 가스등은 아예 기억 저편으로 사라졌다.

그리고 지금 상황은 어떠한가? 몇 년 전부터 LED가 승승장구하면서 또 한 번의 새로운 시설 교체가 진행 중이다. LED는 가스방전등보다 에너지 효율이 높고 설치하기도 옮기기도 쉽다. 그리고 예전에 가스등과 백열등이 그러했듯이 이제까지 보지 못했던 새로운 빛을 낸다. 그리고 이전과 마찬가지로 이 빛 또한 환호와 저항을 동시에 불러일으킨다. LED의 빛은 과거의 광원들보다 훨씬 더 현란하고 눈부시기 때문이다. 오늘날까지 대부분의 시민이 LED를 긍정적으로 평가하는 반면, 일부 시민단체와 국제단체는 '지옥의 태양'이라 부르며 가로등의 LED 교체에 조직적으로 반발한다.

지금까지 인공조명의 역사를 살펴본 결과, 인간은 언제나 야간 불빛에 양가적 태도를 보였다는 것을 알 수 있다. 어떤 집단은 새로운 기술의 도입을 진보로 판단하고 환영했지만 또 어떤 집단은 인공조명이 우리의 환경과 삶을 어떻게 바꿀지를 염려했다. 많은 공동체가 더 밝고, 더 화려한 조명을 부와 현대화의 상징으로 받아들이는 동안에도, 일부 산업화 국가에서는 밤이 좀 더 캄캄해지길 바라는 목소리가 커져 간다. 어두운 밤하늘이 건강한 삶을 담보한다는 증거가 점점 더 많이 제시되고 있다. 야간 조명의 합리적 사용에 대한 대중적 이해가 깊어질수록 빛의 질을 향상시켜야 할 조명 기술자와 설계자의 책임이 막중해진다. 독일 조명기술협회는 이 과제를 기꺼이 떠안았다. 그들은 앞으로는 효율적인 광원을 찾고 인류의 건강과 생태적 조화에 중점을 둔 인공조명을 개발하기 위해서 학문의 경계를 넘나드는 노력을 기울일 것이라고 선언했다. 그중에는 물론 빛과 어둠의 균형을 찾는 일도 포함돼 있다. 세계 곳곳에서 캄캄한 밤이 인간과 자연의 생존에 필수적이란 과학적 증거들이 속출하고 있기 때문이다.

베를린 공과대학교 도시·지역 설계 연구소의 조지앙 마이어 Josiane Meier가 주최한 '빛 산책Light Walk' 프로그램에 초대를 받은 우리는 베를린 크로이츠베르크 지역을 돌러봤다. 야간 생활을 주제로 내건 국제회의 참석자들로 이뤄진 우리 다국적 팀은 베를린 사람들의 밤 생활을 조금 다른 각도에서 체험했다. 우리가 주목한 대상은 우리를 둘러싼 불빛이었다.

우리의 탐험은 한적한 주택가에서 시작됐다. 현대적으로 디자인된 LED등이 작은 공터를 비추고 있었다. "저 뒤에 있는 등이 더 예뻐." 영국 출신 회원이 나란히 서 있는 가스등을 가리키며 말했다. 가스등은 베를린의 상징 중 하나다. 베를린을 제외하고서는 이 전통적인 조명이 제 기능을 하는 도시가 거의 없다. 무엇보다 가스등을 사랑하고 오래된 가로등을 보존하기 위해 싸워 온 베를린 시민들 덕분이다.

하지만 빅토리아풍의 정감 어린 분위기는 대로로 들어서자 자취를 감추었다. 빛의 파도가 밀려와 우리를 집어삼켰다. 백색 수은증기등, 광고판 그리고 음식점 간판 등. 올빼미족들은 그 사이를 활기차게 오갔다. 조지앙 마이어는 우리의 발길을 북쪽 바르샤우어가로 이끌었다. 슈프레강을 건너자 나트륨증기등의 주황색 불빛이 나타났다. 그곳에도 밤 문화는 약동하고 있었다. 그러나 한결 차분한 불빛이 모두를 조금 더 느리고 편안하게 만들어 주었다.

오늘날의 빛 산책

베를린에서 '빛 산책'을 하는 사람은 우리가 그랬던 것처럼 짧은 역사 여행도 하게 된다. 슈프레강의 일부는 원래 동독과 서독을 가르는 경계였다. 오늘날까지도 가로등에서 그 경계를 찾아볼 수 있는데, 동독에 속했던 바르샤우어가를 밝히는 것은 에너지 효율이 높은 나트륨증기등이고 서독에 속했던 크로이츠베르크를 밝히는 것은 백색광의 수은증기등이다.

다양한 전등 형태를 보기 위해 꼭 베를린으로 향할 필요는 없다. 산책을 나갈 때 당신을 둘러싼 조명에 관심을 기울이기만 하면 된다. 다음 이야기를 읽는다면 불빛이 얼마나 다양하게 나뉠 수 있는지도 눈에 들어올 것이다. 그리고 장담하건대, 그때부터 당신은 불빛을 다른 시선으로 바라보게 될 것이다.

오늘날 우리의 머릿속에 남아 있는 불빛의 상징은 단연 전구다. 비록 창고 서랍에 밀어 넣고 안 쓴지 한참이 되었어도 말이다. 백열전구의 빛 색깔은 기술상 정확히 증명된 대로 불을 연상케 하는 따뜻한 색이다. 사람들은, 특히 밤에, 그 빛에서 편안함을 느낀다. 백열등 사용 금지 정책*이 시행된 이후로도 백열전구를 발열 기구나 미술용품으로 포장하여 그대로 사용

---

* 미국, 유럽연합, 일본, 호주, 중국 등 해외 주요 국가들이 백열전구 퇴출 정책을 추진했다. 우리나라는 2008년 12월 백열전구 퇴출 계획을 밝혔고, 2014년 백열전구 생산과 수입을 전면 금지했다.

하려는 창의적 노력들이 계속되는 이유가 여기에 있다. 하지만 지금까지는 그 모든 시도가 실패로 끝났다.

아직까지 농촌 지역에는 백열등을 실외 조명으로 사용하는 곳이 남아 있다. 이를테면, 마당을 장식하거나 현관문을 밝히는 데 백열등이 사용된다. 건물 외벽을 비추거나 행사장을 밝히는 데는 백열등보다 할로겐등이 더 많이 사용되지만 둘 다 에너지 소모가 너무 많아 가로등으로는 적합하지 않았다. 그래서 지난 몇십 년간 가로등은 에너지 효율이 높은 가스방전등으로 교체되었다. 탁월한 연색성color rendering*이 요구되는 곳에는 효율 면에서 에너지 절약형 전구에 뒤지지 않는 수은증기등이 사용되었다. 수은증기등의 푸른빛이 도는 백색광에서는 사물을 더 잘 볼 수 있다. 색깔도 더 잘 구분할 수 있다.

사람들이 백색보다 연한 주황색 빛을 더 편안하게 여기기 때문에 주거 지역에서는 나트륨증기등을 많이 볼 수 있다. 안개가 끼거나 비가 올 때 산란이 덜 되어 교통안전에도 도움이 된다. 그래서 영국과 프랑스에서는 나트륨증기등을 널리 사용한다.

비용 절약이 필요한 곳에는 저압 나트륨증기등이 안성맞춤이다. 하지만 저압 나트륨증기등은 노란빛을 띠어 색깔을 잘 구분할 수 없고, 그 불빛이 비치는 공간의 분위기가 따뜻하다

---

* 광원에 따라 물체의 색감에 영향을 주는 현상. 파란색이 많은 형광등은 희거나 차가운 빛 계통의 물건을 뚜렷하게 보이게 하고, 적황색이 많은 백열등은 따뜻한 빛 계통의 물건을 훨씬 밝아 보이게 한다.

고 말할 수도 없다. 이런 단점을 보완한 제품이 바로 고압 나트륨증기등이다. 고압 나트륨증기등은 주황색 빛이 풍성해 연색성이 한결 뛰어나다. 그래서 횡단보도나 교차로, 고속 도로 분기점 등 사고 다발 지역에 많이 설치된다. 운전자는 백색보다 주황색 불빛에서 더 잘 집중할 수 있다.

하지만 이 불빛들의 시대는 분명 저물어 가고 있다. 유럽연합은 2017년부터 수은증기등의 판매를 금지하고 있다. 에너지를 너무 많이 소모하고 유해 물질인 수은을 포함하고 있기 때문이다. 나트륨증기등 또한 앞으로 몇 년 안에 시장에서 사라지게 될 전망이다. 나트륨증기등은 에너지 효율 면에서는 가장 우수한 광원에 속하지만 연색성이 너무 떨어지는 탓에 인기가 없다. 조명 전문가들은 미래는 LED의 것이라고 입을 모은다. 그리고 비전문가인 우리들마저 도시는 물론 농촌에서도 점점 그것이 사실임을 깨닫는다.

실제로 LED의 장점은 다양하다. 유해한 가스를 내뿜지 않고 크기가 작아서 설계자 마음대로 조명을 디자인할 수 있다. 에너지 효율도 뛰어나다. 그래서 많은 지역 사회가 환경 보호 동참 차원에서 가로등을 LED로 재정비한다.

오스트리아 조명기술협회의 대표인 프리츠 캄플Fritz Kampl은 에너지 소모가 적다는 점 외에 LED 기술의 또 다른 장점을 이렇게 설명했다. "LED 가로등을 설치하면, 주거지와 녹지는 어둡게 남겨둔 채 통행 지역에만 직접 빛을 비추는 일이 가능해진다. 그리고 매우 탄력적으로 작동시킬 수 있어서 자동차나 보행자가 다가오면 조명도를 1초 안에 0에서 100까지 높일 수 있다. 실제로 필요한 경우에만 빛을 사용할 수 있다는 뜻이다."

하지만 LED의 이 탁월한 능력을 체감하길 기대한다면 당신은 실망할 가능성이 높다. 필요에 따른 조절 기능을 사용하는 지역이 단 한 곳도 없기 때문이다. 대신 높은 에너지 효율 덕분에 LED등은 밤새 온 세상을 환하게 밝힌다. 지역을 막론하고 LED등으로 교체한 곳은 이전보다 더 환해졌다.

그리고 우리가 간과하는 사실이 있다. 고압 나트륨증기등이 에너지 효율 면에서 결코 LED에 뒤지지 않을뿐더러 성능 면에서도 일부 LED보다 뛰어나다. 또한 작은 전구 여러 개가 점점이 비추는 LED등은 눈부심을 유발할 수 있다. 그 빛을 산란시켜 인간의 눈이 편안하게 받아들이도록 하려면 광학적 보조 기구를 착용해야 한다. 하지만 시중에서 구하기 어려울 뿐 아니라 이 사실이 널리 알려지지도 않아서 착용하는 사람이 거의 없다.

환경적 측면도 재고해야 한다. LED에는 수은이 포함되어 있지는 않지만 소량의 희토류와 중금속이 들어 있다. 그래서 LED를 교체할 때는 다양한 형태의 전자 장치도 함께 폐기해야 하는데 현재로서는 LED 조명 재활용에 관한 개념조차 없어서 매장하는 수밖에 없다.

LED가 출시되었을 때부터 뜨거운 논쟁을 불러왔던 특성은 바로 색의 온도다. 요즘 가정용 조명을 구입하면 포장에 전구색, 주백색, 주광색* 중 하나의 이름과 함께 켈빈K 단위의 숫자가 기재돼 있다. 색온도**를 알려 주는 표시다.

원래 색온도는 매우 복잡한 사안이지만 우리는 그것을 간단하게 분류할 수 있다. 빛을 파장이 380~780나노미터 사이인 광원으로 규정하는 것이다. 적색광은 파장이 다른 색보다 길고, 청색광은 파장이 짧다. 낮의 자연광 안에는 이 모든 파장이, 즉 모든 색깔이 존재한다. 그래서 어떤 색이 가장 강하게 비치는지는 스펙트럼***으로 표현될 수 있다. 46쪽 도표는 광원에 따른 파장의 스펙트럼을 나타낸다.

도표를 보면 백색광에 매우 다양한 색깔이 뒤섞여 있음을 알 수 있다. 전구색 백열등에는 파장이 긴 붉은색이나 노란색의 비중이 커서 석양빛과 큰 차이가 없다. 형광등, 에너지 절약

---

* 전구색이란 빛의 온도가 3,300켈빈 이하인 색으로 백열전구 빛이 대표적이다. 주광색은 5,400켈빈 이상으로 구름 없는 맑은 하늘빛이다. 그 중간에 속하는 빛을 주백색이라고 한다.
** 물체가 열을 받아 복사하는 흑체 복사에서 나오는 빛의 색이 온도에 따라 다르게 보이는 것에 착안하여 색을 온도로 나타낸 것이다. 색이 붉은색에 가까울수록 색온도가 낮고, 파란색 또는 보라색에 가까울수록 색온도가 높다. 색온도에 따른 느낌을 좀 더 정확하게 알기 원한다면 280쪽을 참조하면 된다. 광원별, 상황별 색온도를 표로 정리해 두었다.
*** 한 광선에 존재하는 모든 파장과 각 파장의 세기. 스펙트럼은 우리가 광학적으로 인지하는 색온도와 빛의 색을 결정한다.

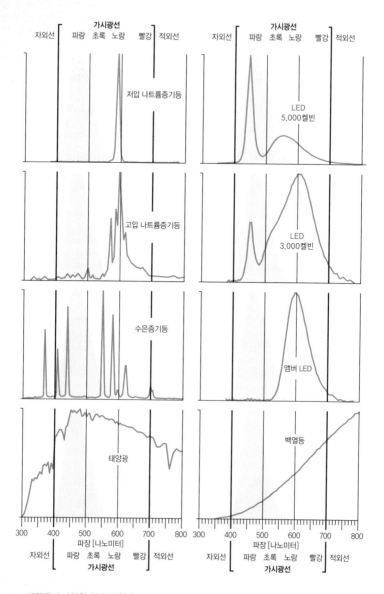

태양광과 다양한 인공 광원의 스펙트럼. 회색 곡선은 우리 생체 리듬에 영향을 미치는 멜라놉신Melanopsin이 흡수하는 빛의 스펙트럼을 나타낸다.

형 전구 등을 포함한 수은증기등은 스펙트럼에서 파란색, 초록색, 주황색이 두드러지게 나타난다.

백색광이 언뜻 보기에 비슷한 색깔로 보이는 이유는 빛의 구성 요소가 제대로 드러나지 않은 탓이다. 이미 당신은 쇼핑을 하다가 이와 관련된 경험을 했을 수도 있다. 혹시 가게에서 갈색으로 보였던 스웨터가 자연광에 비추어 보니 연보라색이었던 적이 없는가? 이런 현상을 두고 전문가들은 연색성이 나쁘다고 표현한다. 연색성이 좋은 빛은 장애물을 미리 발견하도록 도와주어 도로 교통을 원활하게 한다.

그렇다면 LED는 어떨까? 이 부분부터 이야기는 흥미진진해진다. LED는 색깔이 자주 변한다. 혹은 적어도 그렇게 보인다. 하지만 실제로는 빨강Red, 초록Green, 파랑Blue의 3색RGB LED가 섞여 다양한 색을 만들어 내는 것이다. 이 3색 LED로 원하는 색은 무엇이든 배합할 수 있으며 심지어 흰색도 만들 수 있다. 자유자재로 색깔을 바꿀 수 있는 까닭에 LED는 이른바 '무드등'으로도 활용된다. 하지만 LED 또한 수은증기등이 가진 문제를 완전히 극복하지는 못했다. 빛 배열상 3색의 피크peak가 강하게 나타나고 연색성도 부족한 점이 있다.

하지만 연색성은 개선할 방법이 있다. 파란색 LED를 황색 형광체로 코팅하여 백색광을 만들어 내는 것이다. 이른바 피시PC LED라 불리는 이 조명은 가정용이나 가로등용으로 널리 활용된다. 조명이 내는 빛의 색깔은 사용된 형광체의 개수에 따라 변하는데, 이 LED에서 나온 빛은 전형적으로 파란색의 피크가 도드라지고 초록색에서 붉은색까지 파장의 비율이 바뀐다.

이러한 특징이 색온도와 무슨 관련이 있을까? 색의 온도는 각각의 파장이 어떻게 배합되는지에 따라 결정된다. LED와 관련해서는 색온도가 높을수록 파란색의 비율이 높다는 것이 오랜 정설이다. 그리고 색온도가 높을수록 에너지 효율도 높다고 여겨진다.

비용과 에너지 그리고 이산화탄소 배출량을 줄이기 위해 거리에 LED 조명이 설치되기 시작한 무렵에는 색온도가 최대 7,000켈빈까지 설정되었다. 환한 컴퓨터 화면에서 흰색 부분에 해당하는 수치였다. 중동과 인도, 남유럽에서는 그 색온도가 선호되었다. 시원한 빛을 낸다는 이유에서였다. 하지만 유럽 다른 지역과 미국에서는 빛이 너무 차갑고 눈이 부시다고 불평했다. 시간이 흐르면서 LED의 에너지 효율이 좀 더 개선되자 색온도는 5,000켈빈으로, 그리고 다시 수은증기등과 비슷한 4,000켈빈으로 조정되었다. 그러나 미국의학협회American Medical Association, AMA를 비롯한 여러 단체는 인간의 건강과 생태계를 고려할 때 3,000켈빈이 넘는 LED 조명을 사용하지 말라고 권고한다.

최근에는 이러한 문제를 개선했다고 공언한 LED 제품이 새로 출시되었다. 주황색 고압 나트륨증기등을 선호하는 사람들을 위해 만든 것으로, 마치 촛불을 켠 듯 엷은 호박색 빛을 발하는 앰버^{Amber} LED*다. 피시앰버의 색온도는 대략 1,800켈빈이다.

2019년에는 백색광을 선호하는 사람들을 위해 색온도가 2,200켈빈인 LED가 개발되었다. 전구색을 발하는 이 조명은 탁월한 연색성을 유지하면서도 청색광의 비율을 줄였다. 청색광 비율이 높을수록 색온도가 높다는 공식은 이해를 돕기 위해 전체를 간단하게 요약한 것에 불과하다. 색온도를 결정하는 것은 빛의 전체적인 스펙트럼이다.

설명이 너무 어려운가? 그렇다면 다시 '빛 산책'으로 돌아와 4,000켈빈 LED 조명을 살펴보자. 주백색 빛은 우리가 주변 색을 잘 알아볼 수 있게 해 준다. 고개를 들어 하늘에 뜬 달을 바라보자. 달빛의 색온도도 마찬가지로 4,000켈빈이다. 그래서 많은 조명 설계자는 4,000켈빈이 외부 조명에 적합한 색온도

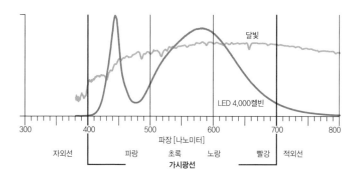

달빛과 4,000켈빈 LED 조명 스펙트럼 비교

---

* 색온도 1,800켈빈가량의 주황색 LED. 청색 성분이 하나도 없는 앰버 LED와 두꺼운 인광층과 소량의 청색 성분을 함유한 피시앰버 LED로 구분된다.

라고 말한다. 불행히도 그런 말을 하는 사람들은 모두 스펙트럼에는 눈길 한 번 주지 않은 사람들이다.

스페인 남부 칼라 알토 천문대의 천문학자 다비드 갈라디엔리케스David Galadi-Enriquez가 달빛과 LED 조명의 스펙트럼을 비교한 49쪽 도표를 보면 두 빛의 차이가 한눈에 들어온다. 햇빛이 반사돼 나타나는 달빛의 스펙트럼은 넓고 연속적이며 상대적으로 청색 비중이 적다. LED는 파란색 영역에서 가장 강한 빛이 나타난 다음 파란색과 초록색 중간에서 가장 약한 빛이 나타나고 다시금 초록색과 노란색, 붉은색을 아우르는 지점에서 두 번째 상승이 일어난다.

이처럼 달빛과 4,000켈빈 LED의 색온도는 동일하지만 스펙트럼은 확연히 다르다. 이 차이 때문에 두 광원이 인간의 시력과 심리에 작용하는 점이 다르다. LED의 높은 청색광 비중은 인간과 동물의 생체 리듬에 영향을 미친다. 그 빛은 우리의 수면을 방해할 뿐 아니라 우리의 건강에도 피해를 준다.

조명 설계자들은 종종 달빛이, 그중에서도 달의 위상이 유기체들의 생활에 중요한 역할을 한다는 사실을 간과한다. 4,000켈빈 LED의 행렬은 마치 보름달이 뜬 밤이 계속되는 것과 같은 작용을 한다. 달빛보다 백배 밝은 광원이 꺼지지도 않고 매일 밤을 밝히는 형국이다.

가로등에 대한 불만 때문이든 자기 보금자리를 '백열전구' 몇 개 다는 것 이상으로 꾸미고 싶은 욕구 때문이든 단 한 번이

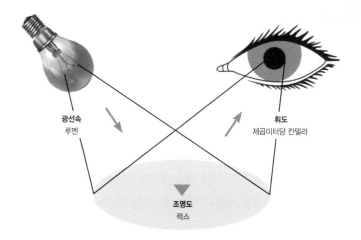

광선속
루멘

휘도
제곱미터당 칸델라

조명도
럭스

라도 조명을 설계해 본 사람이라면 누구나, 낯선 개념과 단위를 대면하고 혼란스러웠던 경험이 있을 것이다. 그래서 나는 그런 개념들을 간단히 설명하는 것으로 이 장을 마무리하려 한다. 앞으로 다루게 될 단위인 루멘lm, 럭스lx*, 제곱미터당 칸델라cd/m²**는 각각 광선속, 조명도, 휘도를 나타낸다.

전등 포장지에는 저마다 루멘이 표기돼 있다. 이는 해당 전등에서 얼마만큼의 빛이 나오는지, 즉 광선속이 얼마나 되는지를 나타낸다. 과거에 우리는 소비 전력인 와트 단위로 백열등의 밝기를 가늠했기 때문에 와트와 전등 밝기에 관한 감각이 발달해 있다. 그러나 최근 몇 년간 출시된 조명들은 와트가 같

---

* 한 면적의 밝기를 나타내는 값.

** 빛의 세기를 측정하는 단위.

더라도 와트당 루멘 lm/W*으로 표시되는 에너지 효율이 저마다 다르다. 더 이상 소비 전력으로 조명의 밝기를 가늠할 수 없게 된 것이다.

그러나 그 전등에서 얼마나 많은 빛이 나왔는지를 통해 곧장 그것이 비치는 면적이 얼마나 밝아졌는지를 알 수 있는 것은 아니다. 예를 들어, 빛줄기의 양은 같아도 가로등 기둥이 더 높으면 거리에 비치는 빛의 양은 줄어든다. 그래서 조명이 비치는 표면의 밝기를 조명도라는 개념으로 따로 측정하며 그 단위는 럭스로 나타낸다.

럭스로 표시되는 숫자를 많이 다루는 건 가로등을 관리하는 지자체 공무원들이다. 생물학자와 의학자들도 럭스와 무관하지 않지만, 그들은 조명도보다는 휘도를 이야기할 때가 더 많다. 휘도는 빛이 비치는 면적의 크기와 반사 특성 그리고 우리 눈으로 들어오는 빛의 각도에 따라 달라진다. 혹시 당신이 컴퓨터 모니터를 구입할 때 휘도를 나타내는 단위를 보았을지도 모른다. 조명 설계를 잘 하려면 휘도를 고려하는 것이 기본이다. 해당 전등에서 나온 빛 중 얼마나 많은 양이 관찰자의 눈으로 들어가는지를 알려 주기 때문이다. 더 간단히 말하자면, 해당 표면이 관찰자에게 얼마나 밝아 보이는지를 알려 준다.

----

* 해당 전등이 1와트의 전기 에너지로 얼마나 많은 빛줄기를 쏘아 내는지를 나타내는 단위.

내부용이든 외부용이든 할 것 없이 조명을 설계하는 데 있어 미적인 면이나 가격 외에도 고려해야 할 측면이 이렇게나 많다. 실외 공간에 LED 조명을 설치하면 비용이 절감될 수 있고 따라서 훨씬 더 많은 조명을 설치할 수도 있다. 하지만 그에 따른 과제도 만만치 않다. LED 조명을 과거 다른 조명을 사용했던 경험대로 설치해선 안 된다. 조명 설계를 전문가 손에 맡겨야 하는 이유가 여기에 있다. 그리고 그 전문가의 범주에는 기술자와 설계자만이 아니라 생물학자와 의학자도 포함해야 한다. 그렇게 해야 빛의 복잡한 성격과 다양한 효과를 모두 고려해서 조명을 설계할 수 있다. 의학적 연구 결과들은 양질의 조명 계획이 사람들의 안전과 복지에 매우 중요하다는 사실을 확인해 준다.

인간의 눈

빛의 스펙트럼이 우리 삶에 어떤 역할을 하는지를 이해하기 위해 잠시 우리 눈이 일하는 방식을 살펴보자.

우리 눈으로 들어온 빛은 홍채(눈동자에서 색깔이 있는 부분)에 의해 제어된다. 홍채는 검은 동공을 둘러싸고 있으며 빛은 동공을 통해 눈 속으로 들어온다. 빛의 밝기에 따라 홍채는 동공을 열기도 하고 닫기도 한다. 갑자기 강한 빛이 비치면 동공은 반사적으로 닫힌다. 소위 광반사라고 불리는 눈의 이러한 적응 행태는 무의식적

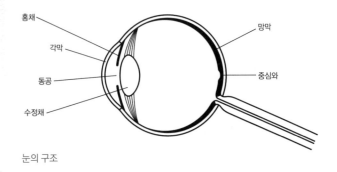

홍채
각막
동공
수정체
망막
중심와

눈의 구조

으로 일어난다. 이처럼 눈이 수축되거나 감기는 상황이 계속되면 일시적으로 시력이 저하될 수 있다.

눈으로 흡수된 빛은 각막, 안방수aqueous humor, 수정체, 유리체 등 여러 구조를 통과한다. 청색광은 눈에 강하게 침투하여, 특히 노인들의 눈에 심각한 영향을 미친다. LED의 밝은 주백색 빛에 눈이 부셔서 저녁 무렵 산책을 힘들어한다. 많은 노인이 일상에서 이런 경험을 한다.

눈 안에 망막이 있고, 망막에 분포한 막대 세포*와 원뿔 세포**는 상像을 알아볼 수 있게 해 준다. 우리는 총 600만 개의 원뿔 세포를 갖고 있다. 이들은 주로 망막의 중간 부분, 즉 시각 명료도가 큰 중심와를 에워싸고 있다. 원뿔 세포는 밝은 빛에서 활성화되어 색을 감지하는 일을 한다. 원뿔 세포로 보는 것을 우리는 '색깔 보기'

---

* 눈의 수용체 세포. 빛에 매우 민감한 이 세포 덕에 희미한 빛 아래에서 암소시가 가능하다.

** 눈의 수용체 세포. 이 세포 덕에 색깔 보기(명소시), 선명한 상 구분이 가능하다. 인간의 원뿔 세포에는 파랑, 초록, 빨강 세 가지 유형이 있다.

혹은 '명소시photopic vision'라고 부른다.

원뿔 세포가 활성화되기 위해서는 비교적 많은 양의 빛이 필요하다. 그래서 빛의 양이 적을 때 우리는 막대 세포로만 상을 본다. 이를 '밤눈 보기' 혹은 '암소시scotopic vision***'라고 부른다. 이를 위해 인간의 눈에는 1억 2,000만 개의 막대 세포가 분포한다. 막대 세포가 원뿔 세포보다 20배 많다. 막대 세포는 망막 주변부에 분포하며 별이 빛나는 맑은 밤하늘(0.001럭스) 정도의 조명도에서 활성화된다.

하지만 우리는 암소시를 할 때 색깔을 구분하지 못한다. 밤에 고양이가 모두 회색으로 보이는 이유다. 명소시에 비해 상을 세밀하게 파악하지도 못한다. 원뿔 세포가 빛에 민감하다는 것을 알고 나면 우리가 달을 은색이라고 생각하는 이유도 설명된다. 달빛은 명소시를 하기에 너무 약해서 우리는 막대 세포만을 통해 달을 흑백

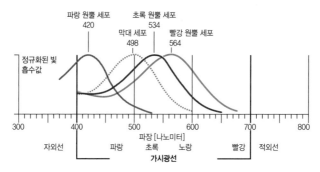

막대 세포와 원뿔 세포의 빛 흡수

*** 막대 세포를 통해 이뤄지는 희미하게 보기. 색깔을 인식하지 못하고 선명도도 낮다. 낮은 조명도에서 일어난다.

화면으로 보는 셈이다.

55쪽 도표에서 보듯이 막대 세포와 원뿔 세포는 각각의 색깔에 대한 민감도가 서로 다르다. 어떤 색깔이 어두울 때 더 잘 보이는 이유다. 막대 세포는 파장이 500나노미터인 색에 가장 민감하다. 그래서 날이 어둑어둑할 때는 청록색 물체가 가장 선명하게 보인다. 원뿔 세포에는 파랑, 초록 그리고 빨강 세 가지 종류가 있으며 각각의 스펙트럼은 도표처럼 나타난다. 우리의 뇌는 모든 원뿔 세포가 수집한 정보를 종합하여 판단한다. 결과적으로 우리가 명소시를 할 때, 즉 낮이나 동이 틀 무렵에는 555나노미터에 가장 민감하게 반응한다. 황록색으로 표현되는 이 파장은 정확하게 표현하자면 테니스공 색깔이다. 테니스공이 바로 그 색깔을 띠게 된 것도, 안전을 위해 입는 빛 반사 조끼가 형광 노란색인 것도 같은 맥락으로 이해할 수 있다.

요즈음 어떤 도시에서는 밤이 너무 환해져서 우리 인간의 눈이 암소시를 할 필요가 사라졌다. 대신 막대 세포와 원뿔 세포가 동시에 활성화된 '박명시mesopic vision'를 한다. 따라서 가로등 아래에서 감도가 가장 높은 구간은 파란색 영역이 아니라 파장이 500나노미터인 초록색 영역이다. 하지만 사람들 중 자기 집 앞 가로등이 초록빛을 내는 걸 반길 사람은 거의 없을 것이다.

2부

인간

토요일 저녁, 시드니의 조지 스트리트. 우리는 아늑한 분위기의 스페인 레스토랑에서 나와 주변을 둘러보았다. 사방에 올빼미족들이 배회하고 있었다. 팻은 기지개를 켰다. "저 너머 '더 락스'로 걸어가서 칵테일 한잔을 한 다음 '하바나'에서 춤을 추는 게 어때?" 나는 고개를 끄덕였다. 이제 막 열 시였다. 밤은 이제 시작에 불과했고, 시드니 곳곳에서 파티가 한창이었다. 잠자리에 들기에는 일러도 너무 일렀다.

　이틀 후, 우리가 차에 오를 때에는 주위가 여전히 어둑했다. 나는 오전 여섯 시 전에 동물원에 도착하기로 약속이 되어 있었다. 원래 그렇게 일찍 일어나는 사람은 아니지만 타롱가 동물원에 서서 하버브리지와 오페라하우스 위로 떠오르는 태양을 보기 위해서라면 잠을 덜 자는 게 아깝지 않았다. 거리는 텅 비어 있었고 버스도 다니지 않았다. 그때 어둠 속에서 형광 작업복을 입은 사람 둘이 내 앞에 나타났다. 그들은 마치 낯선 세상에 발을 디딘 외계인 같았다. 알고 보니 도시가 깨어나기 전에 신호등을 정비하려는 도로공사 직원들이었다.

24시간 사회

우리의 선조들은 낮과 밤의 엄격한 리듬에 따라 생활했다. 낮에는 내내 일을 했다. 그리고 불빛이 약한 밤에는 사회적 교류를 하거나 잠을 잤다. 밤 시간을 임의대로 사용하기에 충분한 빛이 생긴 것은 에디슨이 전구를 발명한 이후부터다. 그때부터 밤은 더 이상 노동이나 유흥의 장애물이 아니었다. 오늘날 우리는 자야 할 시간을 스스로 정하고 밤을 낮처럼 쓰기도 한다. 그렇다면 우리는 지금 '24시간 사회'로 가는 중이라고 할 수 있을까?

그 목표는 세계 이곳저곳에서 이미 오래전에 성취된 것처럼 보인다. 베를린, 뉴욕, 런던 같은 도시에서는 잠자는 시간에 관한 개념이 사라졌다. 지하철과 야간 버스, 택시가 늦은 밤 귀갓길을 보장한다. 거리에는 항상 환한 조명이 밝혀져 있다.

노동 세계도 밤을 적극 활용한다. 많은 공장에서 하루 종일 생산이 이뤄진다. 물류센터에서는 인공조명 아래에서 포장을 한다. 주문된 상품을 고객 손에 가능한 한 빨리 전달하기 위해서다. 24시간 슈퍼마켓과 편의점은 우리가 원한다면 새벽 3시에도 냉장고를 채울 수 있게 해 준다.

우리는 굳이 교대 근무를 하지 않더라도 늦은 밤까지 활발하게 일을 할 때가 종종 있다. 마감일이 임박해서 일 수도 있지만, 어떤 사람은 그저 야행성이기 때문에 밤에 일을 한다. 나는 석사 논문을 쓸 때 밤에만 연구소에 나타나는 학자들을 몇몇 보았다. 그들은 학생들이 집으로 돌아간 후의 고요함을 소중히 여겼다.

인터넷 덕분에 쇼핑을 하고, 뉴스를 읽고 혹은 전 세계 친구들과 수다를 떠는 데 시간의 구애를 받지 않게 되었다. 그리고 휴대 전화 서비스에 가입하고 싶거나 다양한 기기에 대한 기술적 지원이 필요할 때는 밤중이라도 서비스센터와 통화를 하곤 한다.

그렇다면 우리 사회는 자연적인 밤낮 개념에서 풀려나서 생물학적 리듬을 제어하는 데 성공한 것일까? 베를린 공과대학교 도시생태학 교수인 디트리히 헨켈Dietrich Henckel은 그것이 잘못된 생각이라고 말한다. 그의 말에 따르면 24시간 사회는 일각의 주장만큼 그리 굳건하게 뿌리내리지 못했다. 밤에 활동성을 드러내는 몇몇 분야가 있긴 하지만 그건 사회의 일부분에 불과하다.

그 사실은 야근 실태에서 특히 잘 드러난다. 독일의 연방노동보호·노동의료연구소에 따르면, 2016년 기준 독일인의 80퍼센트가 7시에서 19시 사이에 일을 하는 것으로 나타났다. 그중 5퍼센트는 야근을 하지 않고 교대 근무를 하는 노동자였다.1 야근이 증가하는 추세는 확인되지 않았다. 데이터를 좀 더 자세히 들여다보면 지난 10년간 밤에 일하는 사람들의 비중에 거의 변화가 없다는 것을 알 수 있다. 2016년 기준으로 여성의 6퍼센트, 남성의 11.9퍼센트가 밤에 일을 했다. 정말 24시간 사회가 만연했다면 야근의 비중도 뚜렷이 증가했어야 마땅하다.

헨켈 교수에 따르면, 현실에서 24시간 사회는 기능적, 공간적, 사회적으로 매우 확연하게 구분되어 나타난다. 무엇보다 몇 시간이라도 기계를 끌 수 없는 산업에서 야간 근로가 활성화돼 있다. 그러나 이러한 생산 과정은 그동안 상당 부분 자동화되었고 더 이상 그런 공장이 존재하지 않는 경우도 많다. 국제적 분업에 관한 대표적 사례를 보여 주는 산업이 바로 콜센터다. 야간 근로를 하는 서비스센터 직원들의 상당수는 아예 고객과 다른 표준 시간대에 앉아 있다.

게다가 모든 노동자에게 동일한 정도로 야간 근로가 늘어난 것도 아니다. 야간 근로를 하는 노동자의 3분의 2가 남성이다. 그중에서도 젊은 노동자의 비중이 높다. 또한, 야간 근로를 하게 될 가능성은 능력에 반비례한다. 이 현상은 같은 직종 내에서 학력, 경력에 따라 다르게 나타나기도 한다. 후자의 상황을 확인할 수 있는 대표적 직종이 의사다. 의과대학을 갓 졸업한 의사는 야간 당직을 피할 수 없는 견습 과정을 거쳐야 한다. 하지만 직급이 높아지면 거의 낮에만 근무한다.

이러한 구분은 높은 보수에도 사람들이 야간 근로를 그리 달갑게 여기지 않기 때문에, 그 부담을 감수할 인력이 그 일을 도맡게 된다는 결론을 내리게 한다. 교대 근무자들은 자기 일에 대한 불만을 자주 호소하고, 7시에서 19시 사이에 일하는 노동자들에 비해 건강상 질환을 더 많이 앓는다. 우리는 조명의 증가에도 불구하고 우리 본래의 리듬을 지키는 쪽으로 행동할 때가 훨씬 더 많아 보인다.

희미해지는 불빛에서도 야간 활동성의 감소를 읽을 수 있다. 헨켈 교수와 그의 학생들은 베를린을 저속 촬영한 연작 비디오를 통해 도시 내 광장을 비추는 조명이 낮과 밤의 리듬에 따라 변한다는 사실을 증명했다. 베를린에서 가장 밝고 가장 생기 넘치는 장소인 포츠담 광장마저 밤에는 불빛이 줄어들었다. 포츠담 광장을 상징하는 소니센터와 독일철도 본사는 한밤중이면 조명을 끈다.

그렇다면 인공조명에 대한 우리의 동경에도 불구하고 도시의 리듬은 여전히 존재한다고 말할 수 있을까?

헨켈 교수는 분명 그렇다고 말한다. 그리고 이러한 리듬은 많은 갈등을 낳았다. 어떤 장소를 어떻게 이용하는지가 밤낮에 따라 달라지기 때문이다. 낮에는 평온한 주거지였던 장소가 밤에는 골목 어귀에 밀집한 작은 클럽과 구멍가게로 올빼미족들의 성지가 될 수도 있다. 이러한 변화는 몇 년에 걸쳐 서서히 일어나서 주민들이 손을 쓸 수 없을 때가 많다. 그리고 그로 인한 소음과 불빛은 평온한 삶을 원하는 주민들의 욕구와 정면으로 충돌한다.

헨켈 교수에 따르면, 도시 계획 단계에서 이러한 역동적 변화는 거의 고려되지 않는다. 어떤 장소와 그 장소에서 활동하는 사람들의 활동과 쓸모, 욕구가 항구적恒久的이란 생각이 도시 설계자들의 머릿속에 단단히 박혀 있기 때문이다. 가령, 규정에 맞는 가로등을 만드는 데 필요한 활용 분석은 하루 온종일이 아니라 지정된 시간 동안에만 이뤄진다. 독일의 많은 도시는 오랫동안 밤에는 거리 전체 조명을 껐고 그래도 괜찮다고 여겨 왔다. 하지만 요즘 들어서는 새로 나온 LED 덕분에 그 도시들이 밤새도록 최고 조명도로 불을 밝히게 되었다. 포츠담 광장처럼 밤에 불빛이 감소하는 현상은 이례적이다. 조명의 에너지 효율이 높아져 야간 소등이 경제적 이유에서는 물론, 생태적 이유에서도 불필요하다는 주장이 쏟아진다. 정말 조명이 필요한지 조명이 실제로 안전을 보장하는지 그리고 환한 거리가 삶의 질을, 그중에서도 주민들의 건강을 훼손하지 않는지를 검토할 새도 없이 말이다. 무작정 도시를 세련돼 보이게 만들고 시민들의 안전에 대한 욕구를 채워 주는 편이 선호되고 있다.

오전 11시, 나는 피곤해서 두 눈을 똑바로 뜰 수가 없었다. 내 앞에는 차 한 잔이 놓여 있었다. 차를 몇 잔째 마셨는지 세는 것을 포기했다. 어떻게 해도 나의 뇌는 더 이상 움직이지 않았다. 오로지 자고 싶을 뿐이었다. 하지만 나는 그럴 수 없었다.

36시간 동안 잠을 자지 않는다. 잠만 자지 않는다면 무엇이든 마음대로 해도 된다. 처음 이 일에 대한 설명을 들었을 때는 그리 힘들 것 같지 않았다. 오히려 신이 났다. 내 친구 마르쿠스는 설명을 듣자마자 참여하겠다고 손을 들었다.

처음에는 굉장히 쉬웠다. 우리는 친구들을 만나 밥을 먹고 우리가 사는 도시에 있는 살사 클럽들을 순회했다. 마지막으로 찾은 클럽은 새벽 4시에 문을 닫았는데, 그래도 우리에게는 시간이 남고 남아서 집으로 돌아가 옷을 갈아입고 친구 카린의 집으로 몰려가 브런치를 먹었다. 그 후로도 우리에게는 오후와 저녁 시간이 남았다. 우리는 생각했다. '오후 8시면 잘 수 있어.' 하지만 오전 11시가 막 지났을 뿐이었다. 자지 않고 27시간을 버티자 우리에게 남은 시간이 영원처럼 느껴졌다. 카린 집에서 브런치를 먹고 난 후에 잠시 산책을 했다. 우리는 햇빛 덕분에 활기를 되찾았다.

다시 집으로 돌아왔다. 내가 눈을 감지 않으려고 필사적으로 애쓰는 동안 마르쿠스는 운전대를 잡았다. 나는 나를 필사적으로 끌어당기는 블랙홀을 보았다. 그리고 30시간 동안 자지 못한 인간의 신체가 혈중 알코올 농도 0.0008퍼센트일 때와 같은 수준의 수행 능력을 보인다는 것을 알게 되었다. 그날 오후 를 우리는 최면에 걸린 것 같은 몽롱함 속에서 보냈다. 그나마 마르쿠스는 컴퓨터 앞에 붙어 앉아 거의 40시간을 채웠다. 나 는 사투를 벌인지 32시간 만에 나도 모르게 잠들었다.

생체 시계

에디슨이 말하길, 잠은 인류 최대의 적이라고 했다. 다소 과장 되게 들릴지도 모른다. 그래도 오늘날 우리 사회에는 에디슨처 럼 잠은 시간 낭비라고 생각하는 사람이 많다. 적어도 잠은 줄 이는 게 좋다고 생각하는 사람도 적지 않다. 자신의 뛰어난 생 산성을 자랑하는 사람들은 자신이 얼마나 조금 자는지 왜 조금 밖에 잘 필요가 없는지를 시시콜콜 말한다.

우리가 언제 얼마나 자는지는 곧 우리가 언제 일하고 언제 사회적으로 활성화되는지와 직결된다. 시간이 부족해지면 우 리는 잠을 줄인다. 하지만 우리가 언제 자고, 얼마나 자는지는 사실 자유롭게 결정할 수 있는 사안이 아닐까? 아니면 우리 인 생에서 피할 수 없을 뿐만 아니라 포기할 수 없는 부분일까? 잠 이 우리를 따라야 하는 것일까, 아니면 우리가 잠을 따라야 하 는 것일까?

사람들에게 언제 잠을 자냐고 물어보면, 종종 이런 대답을 듣는다. "피곤할 때요." 원칙적으로는 매우 훌륭한 접근법이다.

우리의 몸은 우리가 깨어 있는 시간을 계산한다. 그래서 기상 시점으로부터 시간 간격이 벌어질수록 수면욕이 커진다. 평균적으로 일어난 지 16시간이 지나면 우리 몸은 다시 자고 싶어한다. 이런 과정을 '수면 항상성sleep homeostasis'이라고 부른다. 그러나 우리 몸이 피로해지는 시간이 정해져 있는 것은 아니다. 낮에 신체 활동이 매우 많은 날에는 그 시점이 16시간보다 훨씬 빨리 우리에게 찾아올 수 있다.

낮의 길이와 빛의 양 또한 수면에 영향을 끼친다. 기본적으로 우리는 밤에 그리고 어두울 때 잠을 잔다. 유럽 중부에서는 늦은 아침이나 한낮에 잠을 자는 것이 금기시된다. 이는 어느 정도는 합리적인 생각이다. 생물학적 이유로 수면에 더 적합한 혹은 덜 적합한 시간대가 분명히 존재하기 때문이다. 아직까지 그 이유를 밝히는 작업이 이어지고 있지만 빛이 결정적인 역할을 한다는 점만은 확실하다.

몇몇 의사들과 의약 업계가 숙면이 건강과 신체 기능에 매우 중요하다는 사실을 깨달은 것은 19세기 무렵이다. 학자들은 수면을 조종하는 요소들을 연구했고, 논리적으로 보았을 때 빛이 가장 중요한 역할을 한다는 결론에 이르렀다. 그리고 20세기 중반, 위르겐 아쇼프Jürgen Aschoff는 빛의 역할이 얼마나 중요한지를 실험으로 증명하는 데 성공했다.

위르겐 아쇼프는 먼저 인간의 체온이 밤낮의 리듬에 따라 변할 것이란 가설을 세웠다. 그리고 활동과 영양 섭취에 따라 체온의 리듬도 변한다는 사실을 동물 실험에서 확인했다. 식물의 잎과 꽃이 빛의 리듬에 따라 움직인다는 점에서 힌트를 얻었다.

그래서 위르겐 아쇼프는 1960년대에 그 유명한 벙커 실험을 시작했다. 실험에 참여한 자원자들에게 몇 주 동안 생체 리듬에 영향을 주는 요소들, 특히 빛과 온도 그리고 외부 소음이 차단되었다. 시간을 예측할 가능성이 배제된 가운데 피험자들은 하루 일과를 마음대로 정하도록 허락되었다.

그 결과는 기존 상식과 달랐다. 피험자 모두가 일정한 수면과 기상 리듬을 따랐다. 하루 길이에는 개인차가 있었지만 그들이 스스로 정한 하루는 평균 25시간에서 26시간이었다. 이러한 리듬에 '일주기circadian'라는 명칭이 붙었다.

원래 우리의 하루는 24시간이다. 실험에서는 피험자들의 기상 시간이 매일 한 시간 이상 늦어진 것이다. 실험실을 벗어난 일상에서는 말이 안 되는 현상이다. 그런 리듬을 따르다가는 아무것도 안 보이는 한밤중과 활동을 해야 하는 시간대가 겹칠 수 있다.

뒤이어 흥미로운 점이 하나 더 관찰되었다. 피험자들이 다시 밤낮의 자연적 질서를 따르게 되자 24시간 리듬을 회복한 것이다. 이에 학자들은 인간의 생체 리듬이 외부 세계의 특정 요소들과 동기화되어 있다는 결론을 내렸다.

그 후 몇십 년간 실시된 수많은 연구에서 그러한 동기화를 일으키는 가장 중요한 신호가 빛, 그와 연관된 온도 변화라는 사실이 확인되었다. 우리 몸이 빛과 온도에 곧바로 반응하는 것은 아니다.

오히려 우리의 생체 시계는 나름의 박자를 지킨다. 하지만 빛은 박자를 유지하는 진자의 위치를 일정 한도 내에서 이리저리 옮겨 놓을 수 있다. 우리의 몸은 처음에는 익숙한 시간에 맞춰 반응하지만 하루하루 지나면서 조금씩 새로운 환경에 적응해 나간다.

그래서 빛을 '차이트게버Zeitgeber*' 혹은 '시간 신호'라고 부른다. 빛보다는 훨씬 약하지만 식사 시간, 활동 시간, 사회적 대상의 존재 등도 시간을 알려 주는 외적 신호가 될 수 있다. 우리의 활동에 밀접한 영향을 미쳐도 우리의 리듬에는 변화를 일으키지 않는 요소들도 있다. 예를 들면, 매일 아침 좀 더 자고 싶어 하는 우리를 일으켜 세우는 자명종이 있다.

일주기 리듬의 존재와 빛의 영향력이 연구를 통해 증명되었지만 학자들, 그중에서도 많은 의사가 여전히 이를 무시하거나 심지어는 미신이라고 치부한다. 그 까닭에 우리는 사회에서 활동 시간을 임의로 선택할 수 있으며 빛은 그저 밤에도 볼 수 있게 해 주는 하나의 도구에 불과하다는 생각이 널리 그리고 확고하게 자리 잡았다. 의사들의 부정적인 태도 밑바탕에는 각

---

* 신체 내생적 리듬을 환경과 동기화시키는 외부 신호.

자의 생체 리듬이 어떤 과정을 거쳐 결정되는지, 어떤 방식으로 외부 세계와 동기화되는지에 관해 오랫동안 알려지지 않았다는 믿음이 깔려 있다. 그러나 이제는 그 믿음을 바꾸어야 한다. 적어도 제프리 C. 홀Jeffrey C. Hall, 마이클 로스배시Michael Rosbash, 마이클 W. 영Michael W. Young이 일주기 리듬을 제어하고 유지하는 분자의 작용 원리를 발견한 공로로 2017년 노벨생리의학상을 수상한 이후부터는 말이다.

1980년대까지만 해도 기초가 되는 유전자 몇 개가 일주기 리듬을 활성화한다는 정도만 알려져 있었다. 이후로 다양한 장기에서 서로 다른 길이의 리듬을 생성하는 수많은 유전자의 존재가 밝혀졌다. 이제는 간이 심장과 다른 리듬으로 똑딱댄다고 말할 수 있다. 그리고 신체가 최적의 기능을 발휘하기 위해서는 각각의 리듬이 서로 동기화되어야 한다. 인간을 비롯한 포유류에게는 이 동기화가 시상하부에서 일어난다. 비강 뒤쪽으로 두 시신경이 교차하는 지점 바로 아래에 있는 2~3센티미터가량의 작은 구조물이 동기화를 담당한다. 이 구조물의 이름은 '시교차상핵suprachiasmatic nucleus'이다.

'생체 메트로놈'이란 별명으로도 불리는 시교차상핵은 우리 몸의 장기들이 저마다 부르는 노래를 지휘한다. 시교차상핵이 있어야 각각의 리듬이 하나의 노래가 될 수 있다. 그리고 빛이 우리의 수면에 정확하게 어떤 영향을 미치는가에 대한 대답도 얻을 수 있다. 시교차상핵의 손에 들린 지휘봉 구실을 하며 신체의 여러 가지 기능을 제어하는 멜라토닌melatonin은 어두울 때만 생성된다.

다만, 시교차상핵이 어디에서 밝기에 대한 정보를 얻는지는 한동안 정확하게 알려지지 않았다. 대다수 학자들은 눈이 그 역할을 담당한다고 가정했지만 시신경과 시교차상핵 간의 연결점을 찾지 못했다. 한때는 피부가 빛의 수용체 역할을 한다는 가설이 주목을 받았다. 하물며 무릎 관절이 시간을 측정한다는 주장이 나오기도 했다.

2001년 조지 브레이너드George Brainard를 중심으로 한 연구팀은 멜라놉신*이란 색소**를 연구했고 그 결과, 멜라놉신이 파장이 446~477나노미터 사이인 청색광에 가장 민감하게 반응하여 체내 멜라토닌 생산을 자극한다는 사실을 확인했다. 2002년 데이비드 버슨David Berson 연구팀은 인간의 신체에서 멜라놉신이 분비되는 지점을 특정했다. 망막에 있는 신경 세포 유형 중 그간 별 주목을 받지 못했던 내인성 광수용 신경절 세포intrinsically photosenstive retinal ganglion cell***가 시교차상핵에 직접 연결돼 있었다.

마침내 빛이 우리 몸과 동기화되는 경로가 확인된 것이다.

----

* 우리 몸 곳곳의 일주기 리듬을 관장하는 호르몬.
** 광자를 수용하여 신체에 신호를 전달하는 화학 성분.
*** 청색광에 반응하여 낮과 밤을 구분하는 망막의 수용체 세포. 우리 몸에서 시간 정보를 수집한다.

청색광이 일정 부분 우리 망막에 들어오면 신경절 세포에 들어 있는 멜라놉신이 반응하여 시교차상핵에 신호를 보낸다. 자연 상태에서 인간과 다른 모든 생명체는 낮에는, 그중에서도 아침에는 청색광에 노출된다. 그 빛을 통해 낮이 되었음을 인지한 시교차상핵은 간뇌에 있는 송과선에 다시 신호를 전달한다. 어두워지면 몸에서 멜라토닌 호르몬이 생성되어 분비된다. 하지만 망막에 청색광이 들어오면 멜라토닌 분비는 중단되고 우리 몸은 활동 준비에 들어간다. 예를 들면, 심장이 다시 힘차게 뛰도록 아드레날린의 분비가 배로 증가한다.

적절하지 않은 시간대에 우리 눈으로 빛이 들어온다면 자연스러운 일주기 리듬이 억제되거나 심지어는 교란되기도 한다. 우리의 시간 감각이 빛의 상태에 맞춰진다는 뜻이다. 밤에 비치는 청색광은 낮을 연장시키고 아침에 비치는 청색광은 밤을 단축시킨다.

멜라토닌은 '수면 호르몬'이라고도 불린다. 단순히 보았을 때, 멜라토닌은 우리 몸에서 수면을 준비하는 호르몬이기 때문이다. 하지만 사실 멜라토닌은 우리 몸의 거의 모든 리듬을 관장한다. 그리고 그 양도 많다. 그래서 멜라토닌을 수면 호르몬보다는 '기적의 호르몬'이라 부르는 편이 더 정확하다.

멜라토닌의 임무 중 가장 널리 알려진 것이 일주기 리듬의 제어다. 하루를 활동기와 휴식기로 구분하는 것은 여러 가지 면에서 생리학적으로 유익하다. 휴식기에는 신체와 장기의 부담이 줄어든다. 밤이 되면 우리 몸은 심장 박동과 호흡, 장운동이 느려지고 혈압과 체온이 떨어진다. 그동안 하루 종일 일한 장기는 부담을 잠시 내려놓고 회복을 도모할 수 있다. 피곤해진 우리는 잠자리에 들 수 있다.

얼마나 많은 잠을 필요로 하는지는 개인마다 다르다. 요즘에는 하루에 7~8시간 수면이 권장된다. 6시간만 자도 충분한 사람도 있지만 그 이하는 안 된다. 그보다 더 적게 자면 건강을 해친다. 우리 몸은 수면 중에도 일을 한다. 몸의 자원은 생명 유지에 필요한 다른 활동을 하는 데 쓰인다. 뼈들이 재건되고 상처 입은 조직들이 치료되고 DNA 손상이 복구된다. 간혹 밤사이 아이들의 다리가 길어진 것 같은 느낌이 들 때가 있을 것이다. 그 느낌에 확신을 가져도 된다. 실제로 그렇다.

우리의 뇌는 밤에도 전속력으로 일한다. 자는 동안에 우리의 신경 세포 사이에 낀 잔류물들을 제거한다. 그중에는 단백질 침적물도 있다. 알츠하이머병이나 치매를 일으키는 데 일조하는 플라크plaque 같은 것이다.

우리는 자면서 학습도 한다. 배운 것이 머릿속에 단단히 뿌리를 내리는데, 특히 행동을 통해 배운 것이 수면 중에 강화된다. 그러므로 학습기에 잠을 자지 않거나 너무 적게 자면 배운 것 전부는 아니더라도 많은 부분을 잊어버리게 된다. 뇌가 아직 발달해야 하는 어린이와 청소년에게는 어두운 환경에서 충분히 잠을 자는 것이 중요하다. 멜라토닌이 신경 보호 작용, 즉 뇌세포가 파괴되는 것을 방지하기 때문이다.

그러므로 시교차상핵에 의한 멜라토닌의 분비는 우리 신체 각 기관에서 일어나는 생리적 과정을 조정하고, 우리 몸이 복구되고, 자원이 합당하게 분배되는 데 관여한다. 이러한 과정들은 다소 느리게 진행되며, 밝음과 어둠이 자연스레 교차하는 것처럼 규칙적이고 예측 가능하다. 시교차상핵과 멜라토닌은 신뢰할 수 있는 리듬을 발생시켜 우리 몸이 하루하루 그날의 일정을 준비할 수 있도록 도와준다. 자명종과 달리 우리의 생체 시계는 우리를 잠에서 억지로 끌어내지 않는다. 대신 해가 뜨기 몇 시간 전부터 서서히 우리 몸의 상태를 재정비 모드에서 활동 모드로 전환시킨다. 그렇게 우리는 밤과 낮의 부드러운 전환을 경험한다. 만약 우리가 이 시스템에 줄기차게 간섭하지 않았다면 우리는 이 부드러움을 좀 더 많이 경험했을 것이다.

아침에는 멜라토닌 수치가 아직 떨어지지 않았는데도 불구하고 자명종이 우리의 잠을 무자비하게 중단시키고, 밤에는 청색광이 멜라토닌의 분비를 막는다. 우리 생활 곳곳에 청색 비율이 높은 광원이 자리 잡고 있으며 잠들기 직전까지 사용되는 경우가 잦다. 컴퓨터 모니터, 휴대 전화, 텔레비전, 전자책 리더기…. 이러한 기기들이 우리의 수면에 얼마나 큰 영향을 미치는지를 알아보기 위한 연구 결과가 진행되었고, 그 결과는 우리 인식의 전환을 요구한다.

아이패드 화면을 최고 조명도인 58럭스로 맞추고 30분간 전자책을 읽은 사람은 27럭스의 조명 아래에서 종이책을 읽은 사람보다 훨씬 더 각성된 기분을 느꼈다. 그는 종이책을 읽은 사람보다 30분 늦게 깊은 잠에 빠졌다. 그리고 숙면 상태에서 뇌의 활성화 정도도 종이책을 읽은 사람과는 확연히 달랐다.[2]

또 다른 연구에서는 몇몇 참가자들이 32럭스 밝기의 전자책 리더기로 4시간 동안 책을 읽었다. 그들은 1럭스의 조명 아래에서 종이책을 읽은 비교 집단보다 멜라토닌 분비량이 감소한 것으로 측정되었고, 실제로도 비교 집단보다 좀 더 각성된 기분을 느꼈다. 뇌파 측정에서도 두 그룹의 차이가 나타났다.[3]

컴퓨터 화면에 대한 연구에서도 비슷한 결과가 나왔다.[4] 청소년의 경우 컴퓨터 화면을 1시간만 보고 있어도 멜라토닌 수치가 23퍼센트나 떨어졌다. 이는 같은 환경에서 성인에게 나타나는 반응보다 훨씬 심각했다.[5]

우리가 얼마나 많은 저녁 시간을 전기 기기 앞에서 보내는지를 생각하면 수면 장애가 점점 더 늘어나는 추세는 놀랄 일이 아니다. 어린이와 청소년의 수면 장애는 오히려 당연한 결과인지도 모른다. 이에 전기 기기를 생산하는 업체들은 저녁시간 사용을 위한 청색광 필터를 개발하는 것으로 화답했다. 하지만 그것이 얼마나 효과적인지는 두고 봐야 알 일이다.

빛의 작용에 관한 많은 질문이 여전히 해결되지 않은 채 남아 있다. 가령, 빛의 파란색 영역은 멜라토닌을 감소시킬 뿐만 아니라 빛의 밝기를 조정하는 역할도 하는 것처럼 보인다. 그러므로 새로운 연구 결과들에 계속 주목할 필요가 있다.

도대체 빛이 얼마나 밝아야 '너무 밝다'라고 할 수 있는지도 따져 봐야 할 문제다. 뇌과학자 숀 케인Sean Cain은 연구를 통해 감광도가 개인별로 확연히 다르다는 사실을 증명했다.[6] 그의 연구에서 피험자들이 빛의 밝기에 나타낸 반응은 제각각이었다. 어떤 사람들은 10럭스 이하의 어스름한 독서등만 켜져 있어도 멜라토닌 분비가 저하되었다.

또 다른 연구에서는 밤에 남다르게 반응하는 사람들이 있다는 사실이 밝혀졌다. 우리가 야행성 인간, 올빼미족이라 부르는 사람들이다. 그들의 몸은 늦은 밤이 되어야 비로소 멜라토닌이 분비되도록 유전적으로 프로그램되어 있다. 그 덕분에 날이 밝아도 한참 더 휴식기를 유지한다. 우리 모두는 인생의 특정 구간, 즉 청소년기에 올빼미족이 되는 경험을 한다. 이때 강제로 일찍 일어나게 하면 능력의 손실을 낳는다. 이 구간은 이후의 인생을 위해 설정된 하나의 단계이기 때문이다.

일부 사람들이 빛에 민감한 다른 사람들을 좀처럼 이해할 수 없어 하는 까닭도 개인별로 감광도가 크게 다르기 때문이다. 이는 일괄적으로 정해진 조명도의 기준치가 어떤 사람에게는 너무 높을 수도 있다는 결론에 이르게 한다. 지금까지 우리가 알아낸 사실 중 확실한 것은, 잠자리에 들기 한 시간 전에는 전기 기기를 손에서 놓고 조명을 최소한으로 낮춰야 멜라토닌의 건강한 분비를 보장한다는 것이다. 또한 일상의 스트레스를 줄이고 휴식을 취할 수 있도록 돕는 길이기도 하다. 숀 케인도 자신의 건강을 지키기 위해 저녁에는 연한 주황색 불만 켠다는 원칙을 세웠다.

기적의 호르몬인 멜라토닌은 낮과 밤의 리듬을 통제하는 것을 넘어 우리 뇌를 보호하는 기능까지 한다. 멜라토닌은 다양한 세포의 면역력을 강화하고 염증을 억제함으로써 우리의 면역 체계를 지원한다. 또한 항산화제로 신체 유해 물질을 방어하는 데 직접 관여한다. 우리가 비싸게 사 먹는 건강 보조 식품이나 슈퍼 푸드에 함유된 항산화제와 달리 멜라토닌은 활성 산소뿐 아니라 그것이 생성되는 과정에서 나오는 부산물까지 파괴하므로 효능이 훨씬 더 뛰어나다고 할 수 있다.

그래서 멜라토닌은 중요한 항암제다. 멜라토닌이 유방과 전립선 종양에서 암세포의 성장을 억제한다는 것이 동물 실험을 통해 증명되었다. 특히 멜라토닌이 암세포를 파괴할 뿐만 아니라 건강한 세포의 사멸을 막는다는 것도 밝혀졌다. 멜라토닌은 고농도에서 발암 작용을 할 수 있는 에스트로겐의 형성을 억제했다. 유방암에 화학 요법을 시도할 때 멜라토닌을 추가로 처방하면 환자들이 메스꺼움이나 혈액 변화 등 부작용을 호소하는 경우가 크게 줄어들었고 생존 확률도 증가했다.

하지만 야간 인공조명 때문에 우리에게는 귀중한 멜라토닌을 분비할 시간이 줄어들었다. 이는 곧 우리 몸이 기적의 호르몬을 생산할 기회가 줄었다는 뜻이다. 교대 근무 혹은 야간 근로를 하는 노동자들이 건강 이상을 호소하는 것은 그리 놀랄 일이 아니다. 그런 점에서 24시간 사회는 현실보다 헛된 이상에 가깝다.

어떤 사람들은 약국에서 멜라토닌이 함유된 약품을 처방받기도 한다. 그러나 인공적으로 멜라토닌을 섭취하는 것은 효과가 적고 부작용이 있다. 게다가 인공 멜라토닌 역시 어두워야 효능이 100퍼센트 발휘된다는 점에서는 자연적으로 분비되는 호르몬과 마찬가지다. 그러므로 되도록 자연적이고 훨씬 저렴한 방식을 쓰는 편을 권한다. 그것은 바로, 불을 끄고 어둠 속에서 잠드는 것이다.

수잔네 뷔르겔Susanne Bürgel은 절망스러웠다. 몇 해 전 그녀는 유방암 진단을 받았다. 지금은 병원에서 완치 판정을 받았지만 그렇다고 몸이 다시 건강해진 것은 아니었다. 암과 투병한 기억과 흔적이 여전히 남아 있어서 외상 후 스트레스 장애PTSD에 시달렸다. 그나마 조깅을 하면 기분이 나아지니 불행 중 다행이었다. 달리기를 하면 머릿속이 상쾌해지고 몸이 좋아지는 기분이 들었다. 그녀는 거리가 텅 비다시피 한 이른 아침의 분위기를 사랑한다.

하지만 얼마 지나지 않아 그녀에게 충격적인 사건이 발생했다. 시에서 환경을 보호한다는 명분으로 가로등을 모두 LED로 교체한 것이다. 이제 수잔네 뷔르겔은 어스름한 새벽녘의 부드러운 불빛 아래가 아니라 번쩍대는 LED 아래를 달리게 되었다. 그녀는 시에 문의했다. 에너지 절약과 시야를 동시에 고려해서 최적의 밝기인 4,000켈빈 조명을 선택했다는 대답이 돌아왔다. "다른 모든 사람은 밝은 빛 덕분에 도시가 더 안전해졌다며 만족하고 있다. 그러므로 우리는 가로등을 교체할 생각이 없다."

빛이 병을 만든다

수잔네 뷔르겔 같은 사람이 적지 않다. LED 가로등이 도입된 이후 그들은 시력 장애와 두통을 호소하고 눈이 부시거나 새로운 조명이 편안하지 못하다고 느낀다. 그렇다면 최신식 LED 조명은 기존의 가로등과 무엇이 다를까?

가로등을 LED로 교체하게 만든 주요한 원인은 에너지 절약이다. LED는 색온도가 높을수록, 즉 빛이 차가울수록 에너지 소비가 적다. 그래서 미국에서는 몇 년 전부터 7,000켈빈의 주광색 LED가 설치되기 시작했다. 하지만 주민들은 새로운 가로등을 교도소 마당을 비추는 조명이나 외계 우주선이 쏘는 광선에 비유하며 그리 달가워하지 않았다. 이를 반영해 색온도가 비교적 낮은 5,000켈빈 조명을 설치하기로 한 동네들이 있지만 그래도 주민들의 불만은 여전하다. 독일에서는 가로등이 교체되는 흐름이 조금 더딘 편이다. 4,000켈빈이 넘는 가로등, 주백색 빛을 내는 가로등을 거의 찾아보기 힘들다. 백색 수은증기등이나 에너지 절감형 전등이 내는 빛이 주백색이다.

새로운 LED 가로등은 기존 주백색 가로등과도 차이가 있다. LED 가로등이 훨씬 밝다. 에너지의 소비량은 같은데 확실히 더 많은 빛을 낸다는 바로 그 사실 때문에 많은 지역 사회가 LED를 선택했다. 대부분의 사람이 더 밝은 빛이 비치면 훨씬 안전하다고 생각하기 때문이다.

공원과 주유소, 광고판과 가정집이 모두 더 밝아졌다. 조명이 저렴해진 덕분이다. 요즘 설치된 LED 전광판은 너무 밝게 빛나서 거기에 쓰인 글씨를 읽기는커녕 그 곁을 지나갈 수도 없을 지경이다. 가로등을 LED로 재정비하자 눈부심을 유발하는 광원이 급증했다. 강력한 광원들 때문에 오히려 앞이 보이지 않는 검은 공간이 많이 생겼고 우리의 시야는 산만해졌다. 그렇다면 눈부심을 유발하는 광원들이 우리의 건강을 해치지는 않을까? 이 질문에 답하기 위해서 우리는 먼저 눈이 부시면 우리 눈에 어떤 일이 일어나는지를 간단하게나마 살펴봐야 한다.

우리 눈에 처리할 수 있는 양보다 더 많은 빛이 들어올 때 눈부심이 발생한다. 눈부심은 심리적 눈부심과 물리적 눈부심으로 구분된다. 물리적 눈부심은 측정이 가능하고 빛의 색온도와는 무관하다. 하지만 심리적 눈부심은 이와 다르다. 측정은 불가능하지만 당사자는 매우 잘 느낀다. 사람들은 빛이 차가울수록 파장이 짧을수록 청색광 비율이 높을수록 눈이 더 많이 부시다고 느낀다. 두통, 눈의 통증, 편두통, 불안 장애 등의 증상이 나타나고 심지어는 공격적 태도를 보이는 사람도 있다.

나이가 많으면 심리적이든 물리적이든 눈부심을 강하게 느낀다. 나이가 들수록 우리의 수정체는 흐릿해지고, 짧은 파장의 빛은 더 많이 산란되기 때문이다. 백색의 밝은 가로등이 시야를 혼란스럽게 만들기 때문에 해가 지면 노인들은 집에 머무는 시간이 길어진다. 과도한 조명은 사고의 위험을 증가시키면서 사람들이 집을 나서지 못하도록 막는다. 우리의 건강과 복지에 간접적인 영향을 미친다고 말할 수 있다.

그렇다면 LED 빛이 직접적이고 지속적인 손상을 일으키지는 않을까? 이와 관련해서는 사람들의 견해가 엇갈린다. 강한

직사광선을 일으키는 LED가 눈부심을 일으키는 원인 중 하나는 맞다. 하지만 짧은 파장의 빛은 아주 센 강도로 비칠 때만 우리의 망막에 돌이킬 수 없는 손상을 일으킨다. 그 손상을 우리는 '청색광 재해' 혹은 '광선 망막염'이라고 부른다.

과연 LED 조명의 광도가 그런 손상을 일으킬 만큼 위험한 수준일까? 미국 조명연구센터와 유럽 조명회사연합은 올바른 용법이 빠짐없이 지켜진다면 LED가 기존 광원들에 비해 더 해롭지는 않다고 결론 내렸다.[7, 8] 시중에서 유통되는 LED는 망막에 지속적 손상을 일으킬 만큼 강한 빛을 내지 않는다는 것이 그 이유였다. 위험하다고 판단되는 LED는 수술실이나 특정 제조업에서 사용되는 고성능의 청색 혹은 백색 LED등이었다.

이처럼 조명업계는 LED를 일상적으로 활용하는 데 거리낌이 없다. 하지만 의사나 건강 관련 전문가들은 안전성이 좀 더 보장되길 바라고 있다. 프랑스 식품환경보전안전원ANSES은 지금까지 밝혀진 사실만으로는 LED의 안전성을 확신할 수 없다는 입장이다. ANSES는 사람들이 정면으로 LED를 쳐다볼 때 안구에 손상을 입을 가능성이 있다고 한다. 그래서 LED 조명에 갓을 잘 씌울 것과 광원에서 먼 거리를 유지할 것을 권유한다.[9] 독일 망막 손상 환자들의 자조 모임self-help group*인 프로레티나도 같은 입장을 내놓았다.

---

* 비슷한 질병과 심리학적 문제를 공유하는 사람들의 모임.

무엇보다 아이들이 있는 곳에서 LED를 사용할 때는 각별한 주의가 필요하다. 아이들의 눈은 청색광에 훨씬 더 민감하게 반응하기 때문이다. 더군다나 아이들은 호기심이 너무 커서 본능적인 보호 반응이 작동하지 않을 때도 있다. 그러므로 특히 아이들이 더 머무르는 장소에서는 LED등에 갓을 씌웠는지를 유심히 살펴야 한다.[10, 11]

그렇다고 LED가 청색광 재해를 일으키는 유일한 원인은 아니다. 청색광 재해가 꼭 강한 청색광, 즉 파장이 짧은 빛에 의해서만 유발되는 것은 아니다. 파장이 긴 빛도 집중적으로 발산되면 청색광 재해를 충분히 일으킬 수 있다. 아주 오래된 백열등이 대표적이다. 백열등은 청색광의 비중이 매우 낮지만 필라멘트 때문에 빛이 아주 좁은 면적에 집중된다. 그래서 깜깜한 곳에서 백열등을 켜고 불빛을 정면으로 응시하면 눈에 통증이 느껴지는 것이다.

가로등이나 집 안 전등을 잠깐 쳐다본다고 해서 백열등만큼 눈에 직접적인 손상이 가해지는 건 아니다. 하지만 그런 행동을 권장하지는 않는다. 청색광이 눈에 점진적인 손상을 일으킬 수도 있기 때문이다. 나이가 들면 생성되는 독성 물질 때문에 우리 눈에서 색채를 감각하는 막대 세포는 점점 감소한다. 정상적인 노화 과정이지만 흡연, 잘못된 식습관, 고혈압 등으로 진행이 빨라질 수 있다. 황반변성에 관한 이야기다.

털리도대학교의 아지스 카룬아라스네Ajith Karunarathne와 그의 동료들은 세포 배양 실험을 통해 청색광이 황반변성 과정을 촉진하는 독성 물질을 발생시킨다는 결과를 내놓았다.12 이 연구 결과는 우리가 그 작용에 관해 더 많은 것을 알아내기 전까지 청색광을 매우 신중하게 다루어야 할 근거가 된다. 나는 이런 사실 관계가 명확해질 때까지 LED 조명과 자동차 전조등을 정면으로 바라보지 않길 권한다. 마주 오는 자동차 전조등을 피하기란 쉽지 않겠지만 말이다.

안구 손상 여부를 떠나 수잔네 뷔르겔은 새로운 LED 조명의 이글이글한 불빛 때문에 어둑한 계절에 조깅을 할 수 없게 되었다. 그녀는 심각한 두통과 그에 따른 시력 장애에 시달렸다. 조깅을 하지 않자 우울증도 심해졌다. 수면 패턴도 달라졌다. 예전에는 창문을 활짝 열어 놓고 잤지만 이제는 환한 가로등 불빛이 집 안으로 들어오는 것을 막기 위해 블라인드를 설치해야 했다. 그로 인해 그녀는 여름날 아침 떠오르는 햇빛을 받으며 잠에서 깨는 아름다운 순간을 잃어버렸다.

미국인 비키 영도 비슷한 상황에 처했다. 시카고에 4,000켈빈 LED 가로등이 도입된 이후부터 도시에 대한 애정을 잃어버렸다. 그녀는 "그 빛이 내 망막으로 파고들어 극단적인 불쾌감을 일으킨다"고 말한다. 상황을 바꾸어 보고자 시민운동에 참여하고, 페이스북에 '눈부신 LED 반대Ban Blinding LEDs' 라는 모임을 결성했다. 이 게시판에서 전 세계의 사람들과 관련 문제에 관한 의견을 교환한다.

그들이 야간 조명이나 LED를 완전히 폐지하자는 주장을 하는 게 아니다. 저녁 산책 후 편두통이나 수면 장애, 시력 장애를 호소하는 사람들이 많은 만큼, 눈이 편안한 조명을 설치하자는 게 그들의 주장이다. 눈부시게 밝은 조명은 그들을 불안하게 하고 때론 공격적으로 만든다. 몇몇 사람들은 원래 살던 집을 팔고 어둡고 외진 곳으로 이사를 가기까지 했다. 그들은 엄청난 심리적 부담을 느끼고 있다. 소셜네트워크에는 이와 비슷한 모임이 몇 개 더 있다. 수많은 회원이 현장에서 구체적인 변화를 일으키기 위해 시민운동에 뛰어들었다.

인공조명으로 인한 문제점은 결코 새로운 것이 아니다. LED가 도입되기 전에도 이미 거슬리는 빛이나 너무 밝은 조명에 대한 불만이 있었다.

그중 가장 많이 호소하는 불만은 외부 조명이 그들의 주거 공간까지 침투하여 잠을 방해한다는 것이다. 오염 통제를 위한 독일 연방·주 실무 그룹LAI에서도 이러한 침해를 인정했다. 그들은 빛 공해에 관한 결정을 내리며 주거지 침실을 비추는 빛의 밝기를 1럭스로 설정하도록 권고했지만 한계 값을 그렇게 정한 것에 대한 과학적 근거는 어디에도 없다.

경험에 따르면 1럭스 또한 사람들에게 너무 밝을 때가 많다. 외부에서 들어오는 빛이 방 전체를 균일하게 비치는 게 아니라 한 점 혹은 한 줄 형태로 비치기 때문에 같은 빛이라도 더 강렬하게 느껴진다. 우리 눈은 자동적으로 그런 영역을 찾아 움직이기 때문에 눈을 감기 어렵다. 더군다나 그 빛이 주광색이나 주백색이라면 눈은 더 불편하게 받아들인다. 거기에 LED 광고판이나 신호등처럼 빛의 색깔과 강도가 바뀌는 광원들이 늘어나자 많은 사람이 더 이상은 견딜 수 없는 지경에 이르렀다. LAI에서도 이러한 불편을 받아들여 침실 전체의 밝기가 1럭스 이하더라도 수용 불가로 분류된 일부 조명은 한계 값을 따로 규정했다.

수면 장애에 뒤따르는 결과를 결코 과소평가해서는 안 된다. 전반적인 행복감이 줄어들고, 수행 능력이 저하되고, 질병이 증가하고, 비만이 되고, 심리적 병증에 시달리고, 자살률이 높아지고, 중독과 심혈관계 질환과 암 등이 발생할 수 있다.

수면 장애는 경제적으로도 파장을 일으킨다. 미국 최대의 싱크탱크인 랜드연구소는 2016년 독일의 수면 장애로 인한 경제적 손실을 600억 달러로 추정했다.[13] 여기에 장기적 건강 관련 비용을 포함하지 않았기 때문에 손실액은 계산에 따라 몇 배로 치솟을 수도 있다. 오늘날 알려진 사실에 따르면 체르노빌 원전 사고, 우주선 챌린저호 폭발, 스리마일 섬 원전 사고도 책임자의 수면 부족과 관련이 있다.

오늘날 직접적인 빛 공해만 수면에 영향을 미치는지 또는 밤에 멜라토닌 분비를 억제하는 방식도 수면에 영향을 미치는지에 관한 토론이 격렬하게 이뤄지고 있다. 이미 우리는 전자책 리더기의 밝기가 우리 멜라토닌 분비를 억제하기에 충분하다는 사실을 알고 있다. 하지만 우리 집 창문 앞 가로등 불빛도 그럴까?

조명연구센터의 마리아나 피게이로Mariana Figueiro와 마르크 레아Marc Rea는 가로등 불빛이 건강에 심각한 위험을 초래하지 않는다고 답했다. 우리가 눈을 감는 순간 우리의 눈꺼풀은 빛의 대부분을, 그중에서도 멜라토닌의 분비를 억제하는 청색광 영역을 차단한다. 조명연구센터의 연구에서는 어떤 사람이 대낮 밝기인 1,000럭스 이상의 불빛을 쐬며 잠을 자야 한다면 밤새 자더라도 멜라토닌이 분비되지 않는다는 사실이 확인되었다. 하지만 가로등 밝기는 그 정도가 아니다.

반면 하버드 의대의 수면과 일주기 리듬 장애 전문가 스티븐 로클레이Stephen Lockley는 조명연구센터의 견해에 동의하지 않았다. 그 역시 침실까지 들어오는 대부분의 빛이 멜라토닌의 분비를 억제하기에는 밝기가 약하다고 생각한다. 하지만 멜라토닌의 억제 작용이 빛에 노출되는 순간에 일어나는 사실을 함께 고려해야 한다. 오히려 집에 돌아오는 길에 흡수한 가로등의 청색광이 몇 시간 후 우리 몸의 멜라토닌 수치를 낮아지게 만들 수 있다는 이야기다. 이 사실은 다시금 밝은 실내조명 아래나 전기 기기 앞에서 오랜 시간을 보내는 일상에 대입된다. 설령 우리가 잠드는 방이 빛에 잘 차단된다고 하더라도 잠들기 전까지 받은 빛이 수면에 영향을 줄 수 있다.

하지만 빛에 의한 수면 장애를 겪는 사람들에게 멜라토닌 수치의 저하 문제는 탁상공론처럼 느껴진다. 현재 빛이 자신의 수면을 방해한다는 사실은 변함이 없기 때문이다. 이에 우리가 사는 도시의 곳곳이 잠자기에 너무 밝다는 사실을 증명하는 역학적 연구들이 진행되고 있다.

일본의 오바야시 겐지Obayashi Kenji는 노인 500명 이상의 침실 밝기를 분석했다. 분석 결과, 대부분의 침실은 0.1에서 3.41럭스 사이였고, 밝은 방에서 잔 사람은 어두운 방에서 잔 사람보다 숙면을 하지 않을 가능성이 60퍼센트나 더 높았다.[14]

한국은 빛 공해가 심각한 나라 중 하나다. 인구의 66퍼센트가 너무 밝은 환경에서 살고 있어서[15] 눈이 완전한 암순응*에 들어가는 일이 없을 정도다. 밤의 밝기가 수면의 질에 미치는 영향이 특히 한국에서 집중적으로 연구되는 것은 어쩌면 당연한 일이다.

구용서 교수와 그의 연구팀은 39세에서 70세 사이 8,500명 이상의 수면 습관과 그들의 거주지 밝기 간의 연관성을 연구했다. 그 결과 조명이 환하게 밝혀진 지역에 사는 주민들은 잠자리에 늦게 들고, 수면 시간이 짧고, 코를 많이 고는 것으로 나타났다. 다른 변수를 통제해 계산했을 때도 조명이 밝은 지역에

---

* 밝은 곳에서 갑자기 어두운 곳에 들어갔을 때 처음에는 아무것도 안 보이나 차차 어둠에 눈이 익어 주위의 물건들이 보이는 현상.

사는 주민이 불면증에 걸릴 위험이 더 높았다.[16]

고려대학교에서 진행한 연구에서는 5에서 10럭스 사이의 밝기에서 하룻밤을 보낸 사람들이 시력 저하와 눈의 통증, 눈물 흘림과 결막염 등의 증상을 호소하는 빈도가 더 잦은 것으로 측정되었다.[17]

또한 한국인 연구자 두 명이 수면제를 처방받은 60세 이상 성인 5만 2,000명의 주거지 밝기를 위성 사진으로 살펴봤다. 그 결과는 매우 충격적이었다. 수면제 복용 가능성은 물론 1회 복용량도 주거지 밝기에 비례하여 증가했다.[18]

침실에서 적당한 어둠을 유지해도 빛 공해는 수면 장애를 유발할 가능성이 높다. 그리고 수면 장애는 또 다른 결과들로 이어진다. 잠을 너무 적게 자면 집중력이 떨어지고 실수를 많이 하고 쉽게 흥분한다. 우울증으로 발전하는 경우도 적지 않다.

독일 인구의 5퍼센트인 400만 명가량이 우울증을 앓고 있으며 그 숫자는 점점 늘어나고 있다. 수면 부족과 우울증은 손을 잡고 함께 가는 관계이지만 무엇이 무엇을 유발하는지는 여전히 명확하지 않다. 우울증 때문에 수면 부족이 일어나는 걸까, 아니면 수면 부족 때문에 우울증에 걸리기 쉬운 걸까? 여기서 분명한 점은 두 가지가 서로를 북돋우는 작용을 할 수 있다는 것이다. 심리적 부담감이 우울증 유발자로 지목될 때가 많다. 업무 스트레스나 관계에서 비롯된 갈등, 간병해야 할 가족이 있다거나 해결되지 못한 어린 시절 트라우마 등이다. 하지만 체내 유기적인 원인도 우울증을 유발할 수 있으며 여기에 해당하는 것이 빛과 멜라토닌이다.

당신도 이미 경험으로 알 것이다. 환한 여름날에는 나무도 통째로 뽑아 버릴 만큼 기운이 넘치지만 비가 추적추적 내리는 11월의 아침에는 모든 의욕이 사라지지 않던가. 빛이 기분을 좋게 만드는 건 멜라토닌의 형성을 억제해 우리 몸을 활기차게 해 주기 때문이다. 특히 겨울철에 우리는 정신을 흐릿하게 만드는 멜라토닌의 힘을 느낄 수 있다. 흐린 날이 지속되면 우리는 겨울철 우울증winter blues에 빠져든다. 우리 중 일부는 겨울철에 유독 우울한 기분을 느끼기도 한다.

이미 오래전부터 이 질병을 병원에서 치료하는 방법으로 광선 치료법이 개발되었다. 광선 치료법은 환자들의 70퍼센트가량에게 도움을 주고 있는 항우울제와 비슷한 효과를 내고 부작용은 적다. 우울증을 치료하는 다른 방법으로는 수면 박탈이 있다. 환자가 병원에서 뜬 눈으로 하룻밤을 지새우면 수면 구조가 다시 건강한 표본으로 되돌아간다. 마치 컴퓨터의 '다시 시작' 버튼을 누르는 것과 같다. 그렇다면 더 많은 빛이 우울증을 해결하는 방법이 될 수 있지 않을까?

대답은 그렇기도 하고 아니기도 하다. 대부분의 문제가 그렇듯이 이 문제 또한 단순하지 않기 때문이다. 더 많은 빛은 분명 우울증과 의욕 저하를 개선하는 데 도움이 된다. 하지만 그 빛은 적당한 시간, 즉 낮에 받아야 한다. 우리가 낮에 햇빛을 많이 받고 밤에 깊은 어둠에 잠길 수 있다면 낮과 밤의 차이를 분명하게 인식한 우리 몸이 밤에 더 많은 멜라토닌을 분비할 것이다. 하지만 오늘날 우리가 이런 환경을 접할 기회는 드물다. 우리는 낮에는 어두침침한 실내에 머물고 밤에는 불을 환하게 밝힌다. 그 결과 낮에는 멜라토닌이 너무 많이, 밤에는 멜라토닌이 너무 적게 분비된다. 멜라토닌의 영향을 받는 체내 과정들은 균형을 잃어버렸다.

오바야시 겐지는 밝은 침실과 우울증의 상관관계를 알아내기 위해 노인 900명 이상을 조사했다.[19] 그 결과 5럭스 이상에서 잠을 잔 노인들이 5럭스 이하에서 잠을 잔 노인들보다 우울증에 걸릴 확률이 두 배 더 높았다. 5럭스는 오늘날 도시에서 침실의 밝기로 적당하다고 여겨진다. 여기에 오바야시 겐지는 노인들이 빛에 대한 민감도가 떨어진다는 설명을 덧붙였다. 나이가 들수록 수정체의 빛 투과율이 떨어지는데, 그중에서도 청색광의 투과율이 감소하기 때문이다. 이 사실은 곧 젊은 사람의 눈은 이보다 더 많은 빛을 흡수하며, 어린이와 청소년의 눈은 청색광에 더 민감하게 반응한다는 뜻이다.[20]

여전히 무엇이 우울증의 원인이고 무엇이 결과인지는 불분명하다. 하지만 적어도 한국에서는 밝은 주거 환경이 우울증과 자살 빈도를 높인다고 지적했다. 한국의 연구자들은 지역의 밝기를 나타내는 위성 정보와 우울증 환자 수, 자살자 수를 비교했다. 알코올이나 담배 소비, 채무, 가정 환경, 성별, 연령 등 여러 요소까지 고려한 결과 가장 밝은 지역의 우울증 발병률이 가장 어두운 지역에 비해 1.29배 높은 것으로 나타났다. 자살률은 1.27배 높았다.[21]

수면 부족은 치매에도 영향을 미친다고 여겨진다. 코골이로 호흡이 중단되는 수면 무호흡증, 몽유병, 낮에 졸리는 증상 등으로 수면 장애를 겪는 환자들은 치료하면 알츠하이머병에 걸릴 위험이 줄어든다. 숙면이 치매를 예방하는 작용을 한다는 뜻이다. 반면 일부 연구자들의 추측에 따르면, 잠을 설치다 보면 플라크 침착이 늘어나고 그 결과 치매에 걸릴 위험이 높아진다. 이런 점에서도 빛의 역할이 점점 더 집중적으로 연구되고 있다. 그리고 정신과와 신경과 의사들은 그 연결 고리가 확실하게 밝혀질 때까지 청색광의 영향을 과소평가해서는 안 된다고 경고한다.

야간 조명은 '체중'이라는 다른 간접적 경로를 통해 우리 정신에 부담을 안길 수도 있다. 우리는 잠이 너무 부족할 때 축 늘어져서 몸을 움직일 기력이 없다. 그러면 계단을 오르기보다 엘리베이터를 타고, 퇴근 후에도 헬스장에 가지 않게 된다. 그보다는 소파에 파묻혀 좋아하는 책을 읽거나 재미있는 영화를 보며 간식을 먹는 편을 택하게 된다.

연구 결과에 따르면, 피곤한 사람은 양적으로도 음식을 더 많이 먹을 뿐 아니라, 건강한 음식보다는 탄수화물과 지방 함량이 많은 간식으로 손을 뻗게 된다. 이 과정을 책임지는 건 포만 호르몬인 렙틴과 공복 호르몬인 그렐린이다. 우리는 수면이 부족할 때 이 두 호르몬 중 그렐린의 비율이 높아져 배고픔을 느낀다. 그러므로 제발 초코바 대신 안대를 선택하길 당부한다. 야식은 장기적으로는 장내 미생물 구조에도 영향을 미친다. 장에 정착하는 박테리아가 늘어나서 음식에서 더 많은 에너지를 추출한다. 그 결과, 당신은 간식을 점점 더 많이 먹게된다.

그 밖에도 며칠만 수면이 부족하면 체내 인슐린 민감도가 줄어들어 2형 당뇨병 환자와 유사한 상태가 된다. 하루 이틀 푹 자면 다시금 균형을 되찾긴 하지만, 장기적 수면 부족이 우리의 인슐린 항상성에 어떤 영향을 미치는지는 아직까지 밝혀지지 않았다. 하지만 수면 부족과 교대 근무 그리고 2형 당뇨병 사이의 관련 가능성을 밝혀낸 초기 연구를 참고할 수는 있다.

무엇을 그리고 얼마나 많이 먹느냐 외에도 언제 먹느냐가 중요하다. 우리의 소화기는 낮 동안 기능을 가장 잘하지만, 수면 장애는 우리가 밤에도 무언가를 더 먹도록 이끈다. 다이어트 프로그램에 참여한 사람들 중 낮에만 먹는, 이른바 부분 금식을 한 사람들이 시간을 제한하지 않은 사람들보다 성공률이 월등하게 높았다. 연구 결과는 어린이와 청소년들을 향해서도 경보음을 울린다. 유년기 수면 부족은 나중에 과체중으로 이어질 확률이 높다. 과체중의 결과는 당뇨와 고혈압 그리고 심혈관계 질환이다.

오바야시 겐지는 침실의 밝기와 체중의 상관관계도 검증했다. 60세 이상 성인 중 3럭스 이상에서 잠을 자는 사람들은 그렇지 않은 사람들에 비해 과체중이 두 배 가까이 많았다. 단 여기에 연령, 성별, 기호 식품의 소비, 신체 활동 등은 고려되지 않았다.22 또한, 그들 중 70퍼센트는 콜레스테롤이 높았다. 에밀리 맥패든Emily McFadden의 연구에서도 비슷한 결과가 나왔다. 그녀는 16세에서 103세 사이 영국인 11만 3,000명을 대상으로 조사했다.23

밤의 밝기와 체중 간의 연관성은 문화권을 넘어서 확인되고 있다. 이스라엘 학자인 나탈리야 리브니코바Nataliya Rybnikova는 전 세계 위성 정보를 과체중 가능성과 비교했다. 그녀는 도시화와 음식 섭취가 중요한 역할을 하지만 빛 또한 무시할 수 없다는 사실을 밝혀냈다. 빛의 영향을 얼마나 많이 받는지 여부는 나라에 따라 달랐다. 산업화 국가에서 가장 밝은 지역에 사는 사람들이 과체중이 될 위험은 같은 나라에서 가장 어두운 지역에 사는 사람보다 25배 높았다. 다시 말하자면, 프랑크푸르트에 사는 사람들이 아이펠에 사는 사람들보다 훨씬 더 위험하다. 아시아 국가에서는 그 위험도의 차이가 90배까지 치솟았다.24

앞서 언급한 구용서 팀의 연구에서는 빛의 영향이 그만큼 크게 나타나지 않았다. 과체중과 외부 조명 간 유의미한 연관성이 나타나긴 했지만 성별과 연령, 기호 식품 소비 등의 요소를 고려했을 때는 밝은 지역에서 과체중 위험이 20퍼센트 더 높아졌을 뿐이다.[25]

어두운 침실에서 잠을 충분히 자는 것은 건강한 체중을 비롯해 전반적으로 행복한 삶을 꾸리기 위한 중요한 준비가 될 수 있다. 어쩌면 균형 잡힌 식사만큼이나 숙면이 중요할 수도 있다.

빛은 심장에도 영향을 미친다. 우리 심장은 혈액을 통해 몸 전체로 산소와 영양분 그리고 노폐물을 운송하기 위해 쉬지 않고 뛴다. 혈관과 함께 능력의 최대치를 수행한다. 그래서 심장은 완전히 쉬어서는 안 되지만 이완을 위해 휴식기가 필요하다. 저녁 시간이면 멜라토닌과 코르티솔을 분비하며 혈압과 심장 박동 수를 줄인다.

이러한 재생의 과정을 자꾸 건너뛰면 위험한 병이 생긴다. 근육 운동을 하면 이두박근이 생기듯 심장도 운동을 많이 하면 근육이 자란다. 하지만 근육에 혈액을 공급하는 관상동맥은 함께 자라지 않는다. 그래서 심장이 일정 크기 이상 커지면 산소 공급이 더 이상 원활하게 이뤄지지 않는다. 그 결과는 심장 기능 상실(심부전), 심지어는 심장 마비로 이어진다.

게다가 혈관도 지속적으로 부담에 시달린다. 혈압이 높아지면 혈관벽이 상처를 입고 콜레스테롤과 칼슘이 쌓인다. 아테롬성 동맥 경화증(죽상 경화증)이 생기는 것이다. 그 결과는 고혈압과 심장 마비다.

밤에 잠을 자지 못하고 자주 깨어있는 사람의 몸은 스트레스를 느끼고 아드레날린과 코르티솔을 분비한다. 우리 몸 안에서 투쟁 도피 반응이 일어나는 것이다. 혈압이 상승하면 심장은 더 많이 일해야 하고 이런 상황이 지속되면 심장 마비의 위험이 높아진다. 이런 질병은 교대 근무를 하는 사람, 일주기 리듬이 자주 바뀌는 사람들 사이에서 흔히 발생한다. 더군다나 밤에 잠을 자지 못하면 멜라토닌 형성이 억제되고 심장이 재생될 시간이 사라지므로 상황은 더욱 악화된다.

오바야시 겐지는 야간 조명이 혈압에 미치는 영향에 대해서도 알아봤다. 실제로 그의 연구에 참여한 500명 이상의 노인들 중 잠자리에 들기 전 3럭스 이상의 빛을 쬔 사람들은 밤새 혈압이 높게 유지되었다. 빛이 흡연보다도 더 큰 영향을 미쳤다. 평균적으로는 4수은주밀리미터mmHg가량 혈압이 상승했다. 대수롭지 않게 들리겠지만 그로 인해 심장 마비 위험은 6퍼센트가량 높아졌다.[26]

흥미롭게도 이 연구에서는 빛의 영향으로 멜라토닌 생성이 감소하지 않았다. 따라서 연구자들은 혈압 상승의 원인이 내부 시계의 교란 때문이 아니라 아직 알려지지 않은 다른 과정에 의한 것이라고 추측했다. 이는 야간 조명이 우리 몸에 미치는 영향이 멜라토닌 이외에 더 있을 수 있다는 힌트가 된다.

언론에서는 인공조명과 관련된 여러 염려들 중 단연 발암 위험성을 자주 언급한다. 그리고 다른 염려들은 그리 격렬하게 논의되지 않는다. 발암 요소에 관한 것 외에는 연구를 통해 명백하게 밝혀진 것이 없기 때문이다.

처음에는 자외선과 달리 세포를 파괴하지 않는 가시광선이 암을 유발할 수 있다는 가설이 그리 신빙성 있게 들리지 않았다. 하지만 생물학자 리처드 스티븐스Richard Stevens는 그와 관련해서 몇 가지 흥미로운 결론을 도출했다.

1980년대, 리처드 스티븐스는 유방암과 음식 섭취 사이에 신뢰할 만한 연관성이 없다는 사실에 좌절하고 빛이 유방암 발병에 중요한 역할을 하지 않을까 의문을 품었다. 그리고 쥐를 대상으로 한 몇 가지 실험에서 멜라토닌 결핍과 유방암의 상관관계를 증명했음을 알게 되었다. 그렇다면 유방암 사례와 전기 조명이 같은 시기에 증가한 것은 우연이 아닐 수도 있지 않을까?

그의 첫 번째 조사 대상은 교대 근무를 하는 여성들이었다. 그들은 다른 인구 집단보다 더 자주 전기 조명에 노출되고 있었다. 2001년 리처드 스티븐스의 가정은 신빙성이 있는 것으로 확인되었으며 그 이후 다양한 연구를 통해 검증되었다. 정리해서 말하자면, 밤에도 일해야 하는 여성들은 낮에만 일하는 여성들보다 유방암에 걸릴 확률이 3배까지 높았다.

하지만 연구 결과는 비단 여성 교대 근무자들만 위험한 것은 아니라고 말한다. 교대 근무를 하는 남성 노동자들에게도 전립선이나 대장암 발병 가능성이 증가했다.

이러한 연구 결과로 2007년 국제암연구센터International Agency for Research on Cancer, IARC는 교대 근무를 발암 등급* 2A로 분류했다.

교대 근무자에 대한 연구는 빛이 인간 유기체에 미치는 영향을 이해하는 데 도움이 되긴 하지만 그 결과를 고스란히 빛공해 문제와 결부시키는 데는 무리가 있다. 이러한 질병의 원인이 잘못된 시간에 받은 빛 때문인지 아니면 교대 근무자들이 겪는 사회적 스트레스 때문인지 아직까지 명확히 밝혀지지 않았기 때문이다. 교대 근무자들은 사회적 고립감에 시달리며, 자연스러운 일상의 리듬을 따라 사는 친구들과 가족들 때문에 스트레스를 많이 받는다. 그들은 잘못된 시간에 음식을 먹고, 그나마도 영양적으로 불균형한 식사를 불규칙적으로 할 때가 많다. 게다가 생체 시계를 크게 고려하지 않고 작성된 유동적인 근무 시간표는 이러한 불균형과 불규칙을 더욱 강화한다.

빛 공해는 두 가지 방법으로 암에 걸릴 위험을 높인다. 흔히 논해지는 것처럼, 멜라토닌의 생성을 억제하여 암을 촉진한다고 여겨지는 에스트로겐의 수치를 증가시키고 멜라토닌의 직

---

* 국제암연구센터의 발암 등급은 물질의 발암성 여부를 판단할 때 가장 많이 참고한다. 발암 등급은 인체에 발암성이 있는 물질은 1, 발암 가능성이 높은 물질은 2A, 발암 가능성이 있는 물질은 2B, 발암 물질로 분류되지 않는 물질은 3, 발암 물질이 아닐 가능성이 높은 물질은 4로 구분한다.

접적인 항암 작용을 방해한다. 그뿐 아니라 밤잠을 설치게 만들어서 우리가 부자연스러운 야간 활동을 하게 만든다. 그리고 밤에 자지 않는 사람은 면역 체계가 약해져서 암에 대한 방어력이 낮아진다. 꼭 극단적인 교대 근무만이 몸을 암에 걸리기 쉽게 만드는 건 아니다. 교대 근무를 하지 않더라도 빛과 수면, 암 사이의 연결 고리를 증명하는 연구 결과가 많다.

1991년 과학자 로버트 한Robert Hahn은 맹인 여성들이 유방암에 걸릴 확률이 낮다는 것을 증명했고, 그의 연구는 2,000여 건의 다양한 후속 연구를 통해 확인되었다. 유방암 외에도 전립선암과 대장암을 일으키는 데 수면 시간이 중요한 역할을 한다는 사실도 증명했다. 너무 적게 자는 사람에게 악성 종양이 발생할 위험이 증가한다는 이야기다. 그렇다면 빛 공해가 암을 유발한다고 말할 수도 있을까? 여성 10만 5,000명 이상을 대상으로 한 영국의 한 연구에서 과학자들은 침실의 야간 밝기와 발암 여부에 관한 그 어떠한 상관관계도 찾지 못했다.[27]

하지만 그 연구에서 여성들은 현재 그들의 침실 밝기가 책을 읽거나 자기 손을 알아볼 만큼 충분한가라는 질문을 받았다. 유방암은 발병 기간이 10년가량이므로 침실 밝기에 관한 질문은 여성들이 10년 전 살던 방에 관한 것이어야 한다. 따라서 이 연구의 측정 방식이 매우 신뢰할 만하다고 할 수 없다.

다른 연구에서는 형식이 다르지만 신빙성이 높은 연결 고리가 발견되었다. 이타이 크루그Itai Kloog가 이끄는 이스라엘 연구팀은 밤의 밝기에 대한 위성 데이터와 각 지역의 유방암, 폐암 발생률을 비교했다. 그 결과 밤의 밝기와 폐암은 관련이 없지만 유방암은 관련이 많다는 사실을 발견했다. 가장 밝은 지역에 사는 여성이 가장 어두운 지역에 사는 여성보다 유방암에 걸릴 위험은 73퍼센트까지 차이가 났다.[28]

한국에서는 가장 밝은 지역인 서울과 가장 어두운 지역인 강원도의 유방암 위험률 차이가 34퍼센트였다.[29] 미국 조지아에서는 가장 밝은 지역과 가장 어두운 지역 간의 차이가 13퍼센트에 불과했다.[30] 그리고 한국에서 '밝은' 지역은 조지아보다 훨씬 더 밝았다.

아탈리아 케쉐트시톤Atalya Keshet-Sitton은 이스라엘의 건강한 여성과 유방암 환자 간의 빛에 대한 경험을 종합했다. 그 결과, 농촌 거주자들이 유방암을 앓을 가능성이 밤에 창문을 가린 도시 거주자들보다 낮았다.[31, 32]

전립선암과 관련한 역학적 연구에서도 다소 낮긴 하지만 관련성이 나타났다. 이타이 크루그는 빛 공해가 심각한 지역의 거주자들에게 전립선암의 발생 위험이 110퍼센트 증가한 사실을 발견했다.[33] 2017년 110개국의 암 등록 시스템을 분석한 결과에서도 전립선암과 빛 밝기의 연관성이 나타났다.[34] 단, 그 연관성이 얼마나 강한가는 지역에 따라 달랐다. 유럽에서는 빛 공해가 위험 요소였지만 동남아시아와 중동에서는 그렇지 않았다.

암과 관련된 결과가 이토록 다르게 나타나는 이유는 무엇일까? 세계 각국의 현황을 비교할 때는 일부 국가의 기대 수명이 야간 조명보다 훨씬 더 심각한 요소, 즉 의료 서비스에 대한 접근 기회나 위생 상황 등에 영향을 받는다는 사실을 간과해서는 안 된다. 그럼에도 불구하고 눈에 띄는 것은, 인과 관계가 아직 불분명할 때조차 다양한 국가와 문화권, 다양한 피험자 집단에서 실외 조명과 암 그리고 비만 사이에 입증 가능한 연결 고리가 존재한다는 점이다.

질병과 빛 사이에 유의미한 연관성, 과학적으로 정당화될 수 있는 연결 고리를 입증하기 위해 먼저 연령, 성별, 결혼 유무, 직업, 다른 질환, 담배와 알코올 소비 등과 같은 요소가 빛의 작용을 상쇄할 만큼 심각한 영향을 미치는지를 통계적으로 검증했다. 그리고 실제로 여기서 언급된 다수의 연구에서 야간 인공조명과 질병 간의 통계적으로 신뢰할 만한 연관성이 발견되었고, 다른 요소들은 그 결과와 무관했다.

어떤 빛이 비치는가에 따라서도 큰 차이가 생겼다. 한 지역에 얼마나 많은 빛이 비치는가, 그 빛에 청색광 비율이 얼마나 높은가를 조사한 두 가지 연구가 있다. 빛이 멜라토닌 분비를 억제해 발암 작용을 할 것이라고 추측한 것은 합리적인 접근이었다. 나탈리야 리브니코바와 보리스 포르트노프Boris Portnov는 이스라엘 하이파의 위성 사진과 그 도시 내 유방암 발병 건수를 비교했다. 그리고 지역을 실외 조명의 색깔에 따라 빨강, 초록, 파랑으로 구분했다. 하이파 전 지역에서 실외 조명과 유방암 간의 연관성이 나타났다. 하지만 그중에서도 청색광 비율이 높은 지역은 발병률이 현저하게 높았다.[35]

스페인과 영국 공동 연구팀에서도 비슷한 결과를 내놓았다. 아리아드나 가르시아사엔츠Ariadna Garcia-Saenz와 그의 동료들은 국제 우주 정거장에서 촬영한 마드리드와 바르셀로나의 사진을 연구했다. 그리고 청색광 비중이 높은 조명이 환하게 밝혀진 지역에서 유방암과 전립선암의 발병률이 높게 나타난다는 것을 발견했다. 그러나 외부 조명 전체를 두고 보았을 때는 유방암 발생과 관련성을 찾을 수 없었으며 전립선암과의 연관성도 미미하게 나타났다. 환한 침실은 전립선암에 걸릴 가능성을 높이긴 했으나 유방암에 걸릴 가능성은 오히려 떨어뜨렸다.[36] 그러므로 암과 관련한 문제에서는 빛의 양이 아니라 스펙트럼이 중요한 역할을 한다고 볼 수 있다.

하지만 암 발병에는 다양한 요소가 영향을 미친다. 그래서 무언가가 확실하게 암을 촉진한다고 확정하기가 어렵다. 흡연조차 발암 요소로 규정하기까지 지난한 과정을 거쳐야 했다. 게다가 유방암은 십여 년에 걸쳐 진행되기 때문에 현재의 조명 상태는 그저 제한적인 역할을 할 뿐이다. 그리고 실내조명이 실외 조명보다 야간의 멜라토닌 수치에 더 강력한 영향을 미치리라는 가정 또한 간과해서는 안 된다. 연구자들은 누구보다 이 사실을 잘 알고 있다.

따라서 가로등 빛이 암의 위험을 증가시키는지 아닌지를 단정할 수는 없다. 암학자 스티븐 힐Stephen Hill은 그래도 주의하라고 권고한다. 그의 연구팀은 쥐 실험을 통해 야간 조명이 유방암 치료 성분인 타목시펜의 작용에 영향을 미치는지를 조사했다. 실제로 문틈으로 새어 나오는 빛의 양인 0.2럭스만으로도 타목시펜의 작용을 방해하기에 충분했다.37

동물 실험을 인간에게 적용할 때에는 항상 주의가 요구된다. 쥐들은 우리 인간보다 야간 조명에 더 민감하게 반응한다. 스티븐 힐 역시 인간의 체내에서 타목시펜의 작용이 약화되려면 얼마나 많은 빛이 필요한지를 확언할 수도, 확언하고 싶지도 않다고 분명하게 밝혔다. 그래도 그는 이미 가로등 한 대의 밝기만으로도 치유의 기회가 줄어들 수 있음을 우려했다. 그는 그 어떤 암 환자도 그런 위험을 감수하지 않길 바란다.

야간 조명이 우리 건강에 해로운 영향을 미칠 수 있다는 사실은 이제 과학적으로 정립되었다. 야간 조명이 늘어나는 현상을 걱정할 근거가 충분한 것이다. 2016년 AMA는 입장문을 통해, 앞서 말한 모든 질병을 언급하며 실외 조명 사용에 더 많은 주의를 요구했다. 특히 새로 개발된 LED 조명의 높은 청색광 비중을 염려하며 그중에서도 멜라토닌 억제 가능성을 가장 큰 위험으로 간주했다.

AMA의 권고는 부분적으로 격렬한 비난에 부딪쳤다. 일부

엔지니어들은 광원에 대한 기술적 지식이 결여돼 있는 의사들에게는 건강 위협 가능성을 단정할 권한이 없다고 밝혔다. 하지만 엔지니어들에게도 의사들의 우려를 판단하거나 심지어 무효화할 의학적 지식이 없기는 마찬가지다.

반면, 조명연구센터는 조명의 위험성을 경고한 그 자체를 두고 전문적 비판을 하지는 않았다. 오히려 그곳의 전문가들은 멜라토닌 분비를 억제하려면 얼마나 많은 빛이 필요한지 아직 밝혀지지 않았다는 고민을 내놓았다. 다만 지금은 가로등을 발암 물질로 분류할 근거가 없다는 입장이다. 조명연구센터는 섣불리 경고를 해제하기 전에 확실한 후속 연구가 필요하다고 말한다.

독일 지질학연구소의 크리스토퍼 키바 또한 유보적인 입장을 취하고 있다. 그가 이 주제에 대한 연구에 문제가 있다고 생각하는 대목은 바로 밝기의 측정이다. 조명의 영향이 얼마나 강한지를 실제로 평가하려면 각 피험자가 하루 동안 노출되는 모든 빛의 양을 학자들이 파악할 수 있어야만 한다. 그런데 측정 장비가 너무 비싸서 실제 실험에서는 설문지로 밝기를 측정한다. 침실의 밝기와 독서 습관, LED 화면 활용 빈도 등을 피험자들이 직접 평가하는 방식이다. 밝기를 설명하는 진술조차 주관적이어서 분류가 어렵다. '책을 읽기에 충분히 밝은 정도'는 개인에 따라 크게 달라질 수 있다.

VIIRS* 위성 정보는 빛의 밝기에 관한 객관적인 정보를 전달하지만 두 가지 약점이 있다. 센서가 LED 조명의 청색광을 측정하지 못하며, 해상도도 750미터밖에 되지 않는다.** 위성 사진을 바탕으로 도로 하나하나의 밝기 정도를 구분하기는 불가능하다는 뜻이다. '도시의 밤' 연구 프로젝트에서 쓰는 위성 사진은 해상도가 30미터 혹은 그 이하다. 게다가 집 앞 도로의 밝기가 곧 그 집 침실의 밝기라고 단정하기도 어렵다. 눈부시게 환한 주차장 옆에 사는 사람도 침실에 암막 커튼을 설치하여 캄캄한 환경에서 잘 수도 있고, 소도시에 사는 사람도 최신식 조명을 환하게 밝혀둔 채 잘 수도 있기 때문이다.

리처드 스티븐스도 이런 문제를 알지만 외부 조명의 밝기를 통해 사람이 밤에 쬐는 빛의 양을 귀납적으로 추론할 수 있다고 주장하는 이유가 있다. 인공조명의 역사는 인간이 밝음에 얼마나 빨리 적응하는지를 보여 준다. 가스등이 처음 도입되었을 때는 많은 사람이 그것만으로도 너무 밝다고 생각했으나 전기등이 도입된 후로는 금세 가스등의 빛은 너무 약하다고 여기게 되었다. 빛을 사용할수록 빛에 대한 욕구는 더 강해진다. 리처

---

* 적외선 복사 관측기. NASA의 지구 관측 위성인 수오미 NPP에 탑재된 센서로 가시광선은 물론 도시의 조명, 오로라, 산불, 달빛 등 흐릿한 빛 신호도 필터링 기술을 통해 감지할 수 있다.
** 위성 사진에서 해상도란 식별할 수 있는 물체의 크기(미터)를 뜻한다. 1미터 해상도는 정상적인 상태에서 1미터×1미터 크기를 갖는 지표면의 물체를 식별할 수 있다.

드 스티븐스는 외부 조명의 밝기를 일종의 '프록시Proxy', 즉 대체 값으로 보았다. 그는 밝은 지역에 사는 사람들은 세기가 강한 빛에 익숙하기 때문에 실외와 실내의 대비를 줄이려고 집 안 조명도 더 밝게 할 것이라고 짐작했다. 밝은 실외 조명이 실내를 더 밝게 만들도록 자극할 가능성이 있다고 본 것이다.

실외 조명의 증가에 영향을 받지 않는 사람은 거의 없다. 에너지 효율이 뛰어난 LED의 개발로 거의 모든 장소에 더 밝은 조명이 설치되고 있기 때문이다. 몇몇 사람은 발전이라고 반기는 이 현상이 점점 더 많은 사람에게는 골칫거리가 되어 간다. 이 장 서두에서 언급한 비키 영은 고향인 시카고에서 이러한 변화에 직면했다. "그것에 대해 가장 잘 안다는 사람들이 선명하고 눈이 부신 백색 LED 가로등을 설치했고, 그 가로등 하나하나가 모두 예전보다 더 눈부시게 빛나고 있다. 시카고에 함께 살고 있는 시민들의 대다수는 도시에 침투한 가로등과 자동차 전조등에 큰 영향을 받지 않는 것처럼 보이지만, 내 생활은 그것들 때문에 마비되어 버렸다. 나는 일 년의 절반을 오후 5시 전에 귀가해야만 한다."

우리는 비키 영이나 수잔네 뷔르겔 같은 사람들을 좀 더 배려해야만 할까? 아니면, 직접적 피해를 느끼지 않는 다수의 집단에 집중해야 할까?

연대생물학자이자 독일 노이스대학교의 건강심리학과 교수인 토마스 칸테르만Thomas Kantermann은 단기적으로든 장기적으로든 빛 공해로 건강에 이상이 생길 가능성을 완전히 배제하지 말라고 조언한다. "우리는 과학적인 근거에 따라 야간 조명이 건강에 영향을 미치리라는 의심을 품고 있다. 외부 공간에서 빛 공해가 건강에 피해를 줄 수 있다는 증거들이 있다. 당장은 인과관계를 증명할 수 없지만 관련 연구가 너무 부족해서 현재 이론을 확증할 수도, 폐기할 수도 없다."

이 연대생물학자의 말에 따르면 신빙성 있는 연구가 여전히 부족하다. 빛이 건강에 미치는 영향은 몇 년 전부터 비로소 연구되기 시작했으며 답을 얻지 못한 의문들이 여전히 많이 남아 있다.

빛 공해가 얼마나 위험한지에 관한 질문이 우리에게 갖는 의미는 효과가 알려지지 않은 음식의 영양소를 연구하는 것과 다르지 않다. 건강 전문가들은 음식을 선택할 때 불필요한 위험을 감수하기보다는 일단 조심하는 게 좋다고 조언한다. 리처드 스티븐스 역시 지금 당장 4,000켈빈 LED 가로등이 암을 유발하든 하지 않든 크게 중요하지 않다는 입장이다. 수잔네 뷔르겔과 비키 영 같은 사람들이 매일 고통 받고 있다는 사실만으로도 그에게는 반대할 이유가 충분하다. 많은 시민이 차가운 빛을 받아들이자 과학도 이 현상을 지지하고 있다. 리처드 스티븐스는 이 상황을 받아들일 수 없다. 스트레스를 덜 주는, 안전한 빛을 제공할 방법이 분명 있기 때문이다. 게다가 최근 몇 년간 일부 분야에서는 야간 인공조명이 재앙적 결과를 낳을 수

도 있다는 주장을 뒷받침할 증거가 끊임없이 나오고 있다. 그
분야는 다름 아닌 생태학이다.

3부

자연

태양이 지평선으로 내려앉는 동안 내 머리 위 하늘은 붉게 물들었다. 조금 전만 해도 드문드문 들렸던 새들의 저녁 노래 가 사방에서 울려 퍼졌다. 이곳 호주 숲속의 낮은 뜨거웠다. 기 온이 서서히 내려가면서 내 주위에서 생명들이 깨어났다. 엄마 캥거루가 새끼를 데리고 내 곁을 지나갔다. 새들은 나무와 나무 사이를 활개 치며 날아다녔다. 나는 차 한 잔을 손에 들고 비스 듬히 서서 불타는 석양을 바라보았다. 앵무새 떼가 시끄러운 소 리를 내며 내 머리 위에 놓인 그들의 둥지 위로 날아들었다.

태양 빛이 사라지자 내 머리 위 앵무새 떼는 조용해졌고 숲 속 콘서트도 잠잠해졌다. 그제야 나는 다른 소리를 들을 수 있 었다. 특히 내 몸 냄새를 따라온 모기떼의 소리를. 그건 호주에 서 밤을 보내는 동안 겪어야 했던 불편 중 하나였다.

오후 내내 나뭇가지에서 잠을 자던 코알라가 다른 유칼립투 스 나무로 거처를 옮기려는 채비를 했다. 숲 깊은 곳에서 솔부 엉이 울음소리가 들렸다. 갑자기 내 위에서 와삭와삭하는 소리 가 났다. 주머니여우 두 마리가 내 머리 위 나뭇가지에서 만나 서로 길을 비키라며 싸우는 소리였다. 나는 할퀴기를 잘하는 고양이 크기의 포유류 중 하나가 중심을 잃고 떨어질 경우를 대비하여 멀찍이 물러섰다. 하지만 마침내 둘은 합의점을 찾았 고 제 갈 길들을 갔다. 피곤해진 나는 차를 다 마시고 텐트로 올라갔다.

내일 태양이 나를 깨우면 다시 주변을 탐험할 것이다. 내가 잘 동안에는 야간 조가 내 활동을 이어받을 것이다. 나는 깊은 잠에 빠지기 전, 야행성 동물들이 서로를 부르고 바스락대는 소리를 들었다.

밤의 생활 공간

우리 지구 위에서 일어나는 변화 중 낮과 밤의 이양移讓만큼 급격한 것도 없다. 화창한 날 야외의 밝기는 최대 12만 8,000럭스에 이른다. 그러다가 해 질 무렵이 되면 고작 400럭스에 불과해지고, 한밤중에는 1000분의 1럭스로 떨어진다. 하루가 지나는 동안 그 어떤 자연환경도 밝기만큼 급격하게 오르내리지 않는다. 그리고 밝기만큼 수백만 년의 진화 과정 동안 변함없이 그 리듬을 지켜 온 것도 없다.

밝기의 구간 전체에서 활동할 수 있는 능력을 가진 동물 종은 거의 없다. 대신 진화를 통해 다른 길을 찾았다. 동물이 다양한 서식지에 적응한 것처럼 빛의 양극단 중 하나에 적응한 것이다. 생태학자들은 시공간Chronotope과 서식공간Biotope이 동일하다고 말한다.

우리 지구에 있는 동물 종의 3분의 2가 밤의 시공간에 산다. 곤충도 절반가량은 여기에 속한다. 양서류 대부분과 포유류의 3분의 2가 야행성이다. 반면 어류와 조류의 3분의 2, 파충류의 80퍼센트 이상, 거미류 대부분이 주행성이다. 그리고 인간도

영장류의 70퍼센트가량과 마찬가지로 주행성이다. 당신과 나도 시공간이 낮인 생명체에 속한다는 뜻이다.1

일반적으로 동물들은 주야간 중 한쪽에 강하게 결속되지만 멀티플레이어도 있다. 노루와 사슴처럼 대부분 어슴푸레할 때도 잘 보이는 종들이다. 많은 반추동물과 마찬가지로 식사, 반추, 휴식을 반복하면서 하루를 보낸다. 그들의 리듬은 시간보다는 음식 상태에 좌우된다. 가장 종잡을 수 없는 동물은 육상 도마뱀 일종으로, 하나의 리듬을 따르지 않고 활동 시간대가 뒤바뀐다.

그들은 사냥꾼과 같은 방해 요소나 계절, 기후 환경 등에 맞춰 활동 시간을 조정할 수 있다. 하지만 주행성 혹은 야행성이 분명하게 정해진 동물은 자신의 시공간과 매우 밀접하게 연관돼 있어서 활동 시간을 변경하는 것이 어렵거나 아예 불가능하다. 야행성 동물에게 환하게 불을 밝힌 밤에 살라고 하는 것은 마치 물범을 알프스에 옮겨 놓는 것과 같다. 둘 중 그 어느 쪽도 오래 견디지 못할 것이다.

자연에서는 밤에 여러 가지 일이 생긴다. 밤에 일어나는 많은 일 중 지금까지 생물학자들이 알아낸 것은 극히 일부에 불과하다. 밤을 관찰하려면 불편을 감수해야 하고, 무엇보다 자신의 수면욕을 거슬러야 한다. 그래서 우리는 밤이라는 생활 공간에 대해 아는 바가 턱없이 적다. 밤을 연구하는 독립된 학문 분야도 없다. 밤의 생태 환경은 완전히 독립적이며 낮의 어두운 버전이 아니라는 인식이 형성된 것도 불과 몇 년 전부터다. 빛 공해가 동물들의 밤 생활에 어떤 영향을 미치는지에 대한 지식은 더욱 부족해 보인다. 특히 장기 연구가 거의 없다. 하지만 지금까지 알려진 것만으로도 염려해야 할 이유는 있다.

우리 인간은 낮의 빛 환경에 적응돼 있다. 대다수의 인간은 인공조명이 없는 밤을 두려워한다. 캄캄한 밤에 대한 비현실적 인상 때문이다. 나는 다른 사람들과의 대화에서 다음 두 가지 가정을 맞닥뜨릴 때가 많다. 해가 지면 달이 뜨고 달이 뜨지 않는 밤은 칠흑같이 어둡다는 것이다. 하지만 밤은 그보다 훨씬 다채롭다. 완전히 깜깜한 날도 드물다. 별빛이 그림자를 드리울 정도로 밝을 때가 있기 때문이다. 우리의 눈이 완전히 어둠에 적응하면 우리는 별빛 아래에서 서로의 얼굴도 알아볼 수 있다.

하늘에 달이 있다면 좀 더 밝아진다. 달의 형상은 변화가 심하지만 그 변화 또한 낮과 밤의 리듬만큼이나 일정하다. 천체의 빛이 밤새도록 도처를 비추는 건 보름달이 뜬 날 뿐이다. 다른 날에는 달이 밤이 진행되는 도중에 뜨고 해가 뜨기도 전에 진다. 그러므로 밤 시간의 절반가량에는 달이 없고, 달이 하늘에 떠 있을 때조차 그 밝기는 차이가 있다.

하지만 몸집이 작은 야행성 동물들은 그것만으로도 너무 밝다고 생각할지 모른다. 올빼미, 여우, 코요테, 들고양이, 담비 등 많은 약탈자가 기존의 빛을 이용해 그들의 사냥 성공률을 높였기 때문이다.[2] 흰발생쥐는 보름달이 밝게 뜬 날이면 집중적으로 먹이를 찾아다닌다.[3] 새끼를 낳기 위해 짝을 찾아다닐 겨를이 없다. 큰귀생쥐속에 속하는 종은 보름달이 뜬 밤이면 활동이 줄어든 시기에 먹을 식량을 둥지로 옮기는 일에 매진한다. 여기에는 엄청난 에너지가 소비되기 때문에 보름달 주기가 되면 매일 밤 체중이 6퍼센트씩 줄어든다.[4]

많은 조명 설계자가 이러한 달의 주기를 알지 못한다. 그들은 달과 비슷한 밝기의 빛이라면 생태적으로 무해할 것이라고 생각해서 4,000켈빈의 LED 조명을 설치한다. 하지만 그것은 이전엔 없던 밝기의 보름달 밤을 끝없이 만들어 내는 짓이다. 가로등은 보름달보다 백배 밝다.

파리 국립자연사박물관의 토마스 르 탈렉Thomas Le Tallec은 이런 인공 달이 회색쥐여우원숭이에게 미치는 영향을 증명했다.[5] 마다가스카르에 사는 이 원원류原猿類는 몸무게가 100그램이 채 안 된다. 낮 시간은 보통 에너지를 아끼기 위해 겨울잠 시기와 비슷한 무기력torpor 상태로 보낸다. 어둠이 내려앉은 다음에야 그들은 과일과 꿀, 이파리와 벌레를 찾기 위해 잠을 자던 굴을 나선다.

하지만 회색쥐여우원숭이들은 굴에서 50미터 떨어진 곳에 가로등 불빛이 비치자 오랫동안 둥지를 나서는 걸 망설였다. 그들은 한 시간가량 늦게 먹이를 찾으러 나섰고 평소보다 훨씬 일찍 돌아왔다.

빛은 그들의 체온에도 영향을 주었다. 빛의 영향을 받은 회색쥐여우원숭이들의 체온은 평소보다 확실히 더 높아졌고, 낮 동안의 무기력 상태는 짧아졌다. 이는 곧 회색쥐여우원숭이들이 먹이 찾을 시간은 줄어들고 에너지 소비는 늘어났다는 것을 의미한다.

구름도 없지만 달도 없는, 별만이 빛나는 하늘의 밝기는 0.001럭스에서 시작한다. 보름달이 뜬 하늘은 0.3럭스까지 올라간다. 즉, 보름달이 뜬 밤이 달이 뜨지 않은 밤보다 최대 300배까지 더 밝다는 뜻이다. 하지만 가로등 하나는 달빛보다 몇 배나 더 밝다. 스카이글로 덕분에 베를린의 밤은 자연 상태의 달 없는 밤보다 최대 1,000배까지 더 밝아질 수 있다. 절대 지지 않는 인공 달 1,000개를 야행성 동물 서식지로 가져오는 것은 결코 좋은 생각이 아니다. 정도를 넘어 심각한 환경 오염이다.

반면, 어떤 주행성 동물들은 야간 조명을 적극적으로 활용한다. 영국 엑서터대학교의 로스 듀이어Ross Dewyer는 스코틀랜드에서 환하게 불을 밝힌 산업 단지 주변에 사는 붉은발도요 무리를 관찰했다. 다리가 긴 이 새들은 원래 벌레를 비롯한 다른 맛있는 작은 동물들을 찾아 낮에만 진흙밭을 쑤시고 다닌다. 달빛이 환하게 비치는 밤에 새들이 먹이를 찾아 나서는 게 유별난 현상은 아니다. 하지만 이 독특한 새 무리가 먹이 사냥에 활용한 것은 달빛이 아니라 밤마다 환하게 빛나는 산업 단지의 조명이었다.[6] 처음에는 이것이 붉은발도요에 유리하게 작용했다. 빛에 민감한 다른 조류들이 어두운 밤이 지나가기를 기다리는 동안 먹이를 구할 기회가 늘어났기 때문이다. 하지만 진흙밭 속 먹이의 총량이 장기적으로 늘어난 수요를 맞출 만큼 충분한지 아니면 주행성 조류들이 괜한 헛수고만 하고 다니는지는 알 수 없었다.

또 다른 동물 그룹에서는 인공조명의 영향이 서로 밀접하게 연관된 종들 간에 얼마나 복잡하게 얽힐 수 있는지가 나타났다. 베를린 박쥐연구소의 크리스티안 포크트Christian Voigt는 박쥐가 인공조명을 어떻게 다루는지를 연구했다. 이 작고 민첩한 포유류는 비행 중에 엄청난 체열을 발산한다. 밤에는 비교적 서늘한 기온 때문에 큰 문제가 되지 않지만 햇빛 아래에서는 검은 털과 피부가 열을 발산하지 못하고 흡수한 채 과열된다. 이들은 생태학적으로 밤에 속한 생물이다.[7]

유럽 박쥐들은 비행 중에 잡은 벌레들을 먹고 산다. 그래서 박쥐 전문가들은 인공조명이 날아다니는 박쥐들에게 유익하지 않느냐는 질문을 자주 받는다. 방향 감각을 잃은 수없이 많은 벌레가 전등 주위를 맴돌고 있으니 박쥐 입장에서는 사냥이 한결 수월하겠다는 뜻이다. 실제로 큰멧박쥐를 비롯한 몇몇 종들은 인공조명을 드라이브 인 스루Drive in Through 식당처럼 이용한다. 박쥐들에게는 먹잇감을 한곳에 몰아주는 것 외에도 빛의 장점이 하나 더 있다. 보통 나방은 박쥐들의 음향 탐지 신호를 엿듣고 거기서 빠져나온다. 그런데 알 수 없는 어떤 이유로 전

등 주변을 날고 있는 나방들에게는 그러한 현상이 일어나지 않았다.[8]

쿨집박쥐들 사이에서는 빛 공해로 인한 진화적 변화까지 관찰되었다. 1950년대 이후로 쿨집박쥐들의 머리 크기가 현저하게 커졌다. 이는 가로등 빛 아래에서 더 큰 벌레들을 잡아먹을 수 있게 되면서 더 큰 머리가 필요해졌기 때문일 수도 있다.[9]

하지만 모든 박쥐 종이 빛 아래에서 사냥을 하는 것은 아니다. 벡스타인박쥐처럼 작고 행동이 굼뜬 종은 여전히 어두운 곳에 머문다. 잡아먹히거나 공격을 당할 위험이 적기 때문이다. 하지만 벡스타인박쥐들은 어두운 곳에 있던 벌레들이 빛이 비치는 곳으로 몰려가는 탓에 배를 채우지 못할 때가 많아졌다. 게다가 가로등으로 몰려간 벌레 수백만 마리는 박쥐들이 잡아먹기도 전에 사멸해 버린다. 이 작은 마귀들은 먹고살기가 점점 힘들어진다.

그리고 전등 아래에서 더 많은 벌레를 잡을 수 있게 된 박쥐들에게도 그것이 다른 단점들을 상쇄할 만큼 대단한 장점이라고 확정하기는 어렵다. 박쥐들은 음향 탐지로 비행경로를 조정하지만 동시에 장애물을 피하기 위해 시각도 사용한다. 그런데 밝은 불빛은 우리 인간의 눈뿐만 아니라 박쥐의 눈도 부시게 만든다. 그런 탓에 이 동물들은 어두운 곳에 있는 구조물들을 더 이상 파악할 수 없게 되었다.

크리스티안 포크트는 또 다른 관찰에서 중요한 사실을 발견했다. 베를린에 사는 몇몇 박쥐 종들은 사냥은 전등 아래에서 하지만 잠자리와 사냥터 사이를 이동할 때는 어두운 회랑을 통해서만 비행했다. 그 회랑들이 도시에서 사라지면 박쥐들의 이동은 엄청나게 제한될 것이다.

빛을 기피하는 종이든 수용하는 종이든 무관하게 모든 박쥐가 잠자리만은 어두운 곳을 찾았다. 박쥐는 벌레들의 밀도가 가장 높은 밤에 사냥을 하는 동물이다. 그들은 주행성 맹금에게 공격받지 않기 위해 충분히 어두워진 다음에야 비행을 시작한다. 동굴 입구에 불이 밝혀지거나 주거지 인근 조명이 꺼지지 않으면 죽을 위험이 있다고 판단하고 아예 날개를 펼치지 않는다. 환하게 불을 밝힌 하룻밤 새 동물 수백 마리가 굶어 죽을 수 있다.

비록 즉각적인 결과는 아닐지라도 박쥐의 사례에서 중요한 교훈을 얻을 수 있다. 1980년 이래 스웨덴에서는 교회 주변에 있던 박쥐 서식지 3분의 1이 사라졌다. 이는 교회 주변으로 실외 조명이 설치된 시점과 같았다.[10] 어둠을 유지한 교회에는 박쥐도 남았다. 헝가리의 한 교회에서 일어난 사건은 보다 더 극적이다. 외부 조명 한 대가 설치되자 그곳에서 새끼를 낳고 살던 윗수염박쥐들이 급하게 보금자리를 떠났다. 어찌나 이사가 다급했던지 1,000마리가 넘는 새끼들은 그냥 두고 가 버렸다.[11]

또한 인공조명은 빛 신호를 통한 커뮤니케이션을 방해하기도 한다. 혹시 반딧불이를 떠올렸는가? 맞다. 반딧불이는 짝을 유혹하기 위해 빛을 낸다. 반딧불이의 종류에 따라 다르지만, 그들은 물에 빠질 때, 거미줄에 걸릴 때, 나뭇가지에 부딪칠 때, 수양버들 가지를 들쑤시고 다니거나 평지를 그냥 이리저리 날아다닐 때, 의갈류pseudoscorpion에게 괴롭힘을 당할 때, 이착륙할 때 빛을 낸다. 반딧불이는 빛을 냄으로써 다른 반딧불이를 유혹하거나 경고하거나 몰아낸다. 몇몇은 그렇게 짝을 찾고, 몇몇은 먹이를 얻는다. 그들이 빛을 내는 이유가 무엇이든 인공조명은 그 일에 방해가 된다. 빛 공해 속에서 반딧불이들이 소통하는 것은 클럽에서 대화를 나누는 것과 비슷하다. 오해가 불가피하다.

어떤 반딧불이는 주변에 불이 들어오면 더 밝게, 하지만 더 드물게 빛을 낸다. 조명도가 2럭스 남짓만 돼도 이런 현상이 나타난다. 그러다가 주변이 너무 밝아지면 수컷은 빛내는 걸 포기한다. 어떤 경우에는 암컷들이 빛 신호에 더 이상 반응을 하지 않을 때도 있다. 상대의 빛이 보이지 않기 때문이다.12 세상에서 가장 낭만적이었을 동물의 연애 전선에 나쁜 패가 들어온 것이다. 그리고 그것은 반딧불이만의 문제는 아니다. 학자들은 매년 곤충 수십억 마리가 죽어 가는 것을 우려하고 있다. 모두 우리가 밤을 낮으로 만든 탓이다.

"와우!" 마르쿠스가 내 곁에서 소리를 질렀다. 따뜻한 여름밤 우리는 마인강 변을 산책하고 있었다. "저기 좀 봐! 카메라를 갖고 왔다면 좋았을 텐데!"

마르쿠스가 가로등을 가리키기 전에 내 눈은 벌써 그 광경에 멈춰 있었다. 불빛 아래 모인 하루살이 수천 마리가 우리를 에워싸고 어지러운 춤을 추고 있었다. 죽음의 무도舞蹈였다. 우리 발아래에는 이미 몹시 얇은 곤충 외피가 쌓여 두꺼운 층을 이루고 있었다.

오늘은 하루살이들에게 특별한 밤이었을 것이다. 강에서 유충 상태로 오랫동안 기다리다 드디어 허물을 벗고 나온 그들은 짝을 찾아 교미를 하고 물 위에 알을 낳았어야 했다. 하지만 그중 다수가 그 일을 이루지 못했다. 하루살이들에게는 우리 발아래 아스팔트가 수면처럼 보였기 때문이다. 암컷들은 그곳에서 죽었고 그들의 알은 말라붙었다.

가로등에 매혹되는 나방

곤충만큼 빛의 인력引力을 상징적으로 드러내는 동물도 없을 것이다. 개인적으로는 저녁 무렵이면 테라스에 밝혀 놓은 촛불 주변으로 몰려드는 귀찮은 나방 떼를 떠올리는 것만으로도 충분하다. 강변 산책로를 수천 마리씩 떼 지어 날아다니는 하루살이들은 또 어떤가. 빛의 무엇이 이토록 강하게 곤충들을 끌어당기는 것일까?

이 질문에 대한 완전한 설명은 아직 나오지 않았지만 밤에 곤충이 어디로 향할지를 정하는 데 달이 중요한 역할을 하는 것은 분명해 보인다. 자연 상태의 밤하늘에서 가장 빛나는 것은 달이다. 곤충들 중 일부는 달과 일정한 각도로 직선을 그리며 비행한다. 그 곤충의 관점에서 가로등의 빛은 달빛과 다를 게 없다. 그래서 곤충은 이 광원과 일정한 각도를 유지하려고 끊임없이 노력하면서 비행한다. 그 결과 가로등 주변을 빙빙 도는 원형 비행 운동을 하게 된다.

편광(쏠림빛)을 이용해 방향을 정하는 곤충도 있다. 편광은 대기 중에 햇빛이 산란하면서 생긴다. 맑은 날 일출과 일몰 때에는 편광으로 이루어진 기다란 띠가 하늘을 남북으로 가로지른다. 참새목에 속하는 노래하는 조류(명금류)는 자성을 지닌 자신들의 나침반을 편광에 맞춘다.[13] 그리고 그보다 작은 동물들 중에도 편광의 안내를 받아 방향을 정하는 동물들이 있다.

잠시 남아프리카로 소풍을 떠나자. 그곳에 사는 딱정벌레는 흔치 않은 행운을 찾아다닌다. 똥 말이다. 배설물은 딱정벌레가 새로운 세대를 이어가는 기반이 되기 때문에 성체들 사이에서는 코뿔소가 남기고 간 배설물 조각을 차지하려는 경쟁이 치열하게 벌어진다. 짝짓기를 하는 데는 구슬 크기 한 덩이면 충분하다. 젊은 수컷은 배설물 더미에서 그만큼을 빨리 퍼내서 안전한 장소에 숨겨 두려고 한다. 그들은 무리 주변으로 가지 않으면서 배설물 더미에서 멀리 떨어진 은닉처를 찾기 위해 편광을 활용한다. 햇빛에 의지해 소중한 배설물을 지키는 것이다. 야행성 딱정벌레의 일종인 스카라비우스 사티루스Scarabaeus satyrus는 달의 편광을 활용한다. 비록 해의 편광보다는 100만 배 더 약하지만 말이다.

요하네스버그 천문관에서는 딱정벌레가 그 일에 얼마나 뛰어난지를 알아보기 위해 실제와 유사한 환경을 만들었다. 인공은하가 펼쳐진 아래에서 딱정벌레에게 쇠똥을 굴리게 했다. 그 결과는 인상적이었다. 딱정벌레는 달빛 아래에서와 마찬가지로 별빛 아래에서도 배설물 더미에서 자기 몫을 빠르게 파내어 직선 방향으로 굴렸다. 하지만 스카이글로가 발생한 환경에서는 뱀처럼 구불구불하게 움직였다. 그러면 배설물 더미로부터 멀어지는 데 시간이 많이 걸려서 자기 쇠똥을 다른 경쟁자에게 빼앗길 위험이 커진다.14

얼마나 많은 동물 종이 방향 탐색에 편광을 활용하는지에 관해서는 알려진 바가 별로 없다. 그래도 많은 곤충이 중요한 도구로 활용하리라 생각한다. 가로등의 빛은 전반적으로 편광이 아니다. 그러므로 특정 구역에서 인공조명의 숫자가 늘어날수록 길을 알려 주는 편광의 신호는 약해진다.15 대도시 상공을 뒤덮은 빛 뚜껑은 수백 킬로미터 떨어진 곳에서도 보인다. 우리는 우리 눈에 어두워 보이는 구역에 사는 동물들도 그 영향을 받는다는 것을 유념해야 한다. 빛에 민감한 스카라비우스 사티루스에게는 국립 공원의 밤하늘마저도 오염된 셈이다.

빛 공해로 인한 딱정벌레의 혼란은 아주 작은 문제에 불과하다. 해마다 곤충 수천조 마리가 가로등 불빛에 현혹된다. 그들은 빛으로 돌진해 타 죽기 일쑤다. 가로등에 단 전등갓에 구멍이라도 나면 곤충들은 길을 찾아 그 안으로 들어갔다가 갇혀버린다. 대부분이 그 안에서 타 죽거나 진이 빠져 죽는다. 가로등 주변에 잔뜩 쌓여 있는 죽은 곤충들이 그 결과물이다. 어쩌다 전등에서 빠져나오는 데 성공한 곤충도 빛에서 빠져나오기 위해 안간힘을 쓰느라 탈진 직전이다. 그들이 간신히 내려앉은 바닥에는 손쉽게 사냥을 하려는 해충과 거미, 여타 곤충들의 천적이 장사진을 치고 있다.

마인츠곤충연구소의 게하르트 아이젠바이스Gehard Eisenbeis가 가로등의 인력을 연구한 결과, 2001년 여름 석 달 동안, 독일 내 가로등 680만 대가 곤충 918억 마리를 죽였다. 불빛의 인력은 '진공청소기 효과'란 개념을 만들어 낼 정도로 강력했다.[16]

IGB의 연구원들은 그 효과의 범위가 얼마나 넓은지를 연구했다. 그들은 빛 공해의 영향을 연구하기 위해 베를린 서쪽에 있는 베스트하벨란트 별빛공원의 도랑 옆 들판에 나트륨증기등 24개를 설치했다. 2012년부터 이 가로등 들판에서 사는 동물들이 빛에 어떻게 반응하는지를 연구했다.

그 결과 가로등 한 대를 중심으로 23미터 거리 안에 들어간 곤충들은 빛에 '흡입되는' 것으로 나타났다.[17] 빛은 40미터 떨어진 곳에서도 흡입력을 발산했다.[18] 가로등이 줄지어 서 있는 강변 산책로나 특정 장소 두 곳을 잇는 자전거 도로를 곤충들의 입장에서 보자면, 생활 공간에 통과할 수 없는 장벽이 세워진 것과 다름없다.

어떤 조명이 곤충들에게 얼마나 매력적인지는 그 빛 안에 어떤 파장과 어떤 색깔이 담겨 있는지에 따라 달라진다. 자외선 비중이 높은 수은증기등이 곤충을 끌어당기는 힘이 강하다는 것은 이미 오래전부터 알려진 사실이다. 같은 이유에서 환경 보호 단체들은 오래전부터 주황색 나트륨증기등을 곤충 친화적 조명으로 추천해 왔다. 하지만 새로운 광원인 LED의 등장으로 상황이 다소 복잡해졌다.

게하르트 아이젠바이스는 최초로 LED의 곤충 친화성을 연구했고 조명업계는 그 결과에 환호했다. 그의 연구에서 LED 조명이 끌어들이는 곤충의 양은 수은증기등의 5분의 1, 나트륨증기등의 절반 남짓에 불과했다. LED에는 자외선이 없으므로 수은증기등과 비교한 결과에 특별히 놀라는 사람은 없었다. 하지만 나트륨증기등과 비교해서 더 나은 결과가 나온 것은 의외였다. 청색광 비중이 높은 LED가 나트륨증기등보다 곤충들을 더 많이 끌어들이리라 예상했기 때문이다. 게하르트 아이젠바이스는 그 결과를 스펙트럼의 차이보다는 조명 디자인의 차이로 설명했다. LED는 나트륨증기등보다 덜 밝고 반사각이 좁아서 빛이 비치는 범위가 좁았다. 이에 그는 LED에 대한 최종 판결을 내리기 전에 반사각이 더 넓고, 밝기도 더 밝은 LED로 실험을 다시 할 것을 권고했다. 미래의 LED가 그렇게 될 것이란게 그의 예상이었고 실제로도 그렇게 됐다.[19]

지금까지도 LED의 곤충 친화성을 이야기할 때면 여전히 게하르트 아이젠바이스의 연구 결과가 그 논거로 제시된다. 하지만 그가 덧붙인 경고는 언급되지 않을 때가 많다.

그동안 LED의 다양한 스펙트럼을 고려한 후속 연구가 이어졌다. 그렇다면 그 결과는 어떠했을까? 후속 연구의 결론을 한마디로 요약하자면, LED라고 다 똑같은 LED가 아니고 곤충이라고 다 똑같은 곤충이 아니라는 것이다. 자연에서 확실한대답을 얻는 일은 지극히 드물다.

지금까지 밝혀진 결과 중 신뢰할 만한 사실은 이 정도다. "LED가 유인하는 곤충 수가 수은증기등보다는 적다." 하지만적어도 두 가지 이상의 연구 결과에 따르면, 나트륨증기등보다는 50퍼센트가량 많다.[20, 21] 그 연구들은 곤충들을 유인하는책임은 LED에 포함된 청색광에 있다고 말한다. 그렇다면 LED의 색온도가 낮을수록 곤충 친화적이란 가설이 세워진다. 여기까지는 어느 정도 분명하게 받아들일 수 있다. 하지만 생태적빛 연구의 선구자인 트래비스 롱코어Travis Longcore의 연구에 따르면 제조사가 다른 2,700켈빈 LED 조명 두 개는 색온도가 같아도 스펙트럼이 달라 곤충에 미치는 영향이 다르다.[22]

조금 더 간단한 설명을 원하는가? 독일에 존재하는 곤충 종만 해도 5만 가지로 추정한다. 그 각각은 판이하게 다를 것이다. 나비는 딱정벌레와 전혀 다른 생태를 가졌고, 딱정벌레는 또한 진딧물과 사는 방식이 다르다. 그러므로 같은 빛이라도 곤충들이 똑같은 방식으로 반응하지 않는다는 것은 전혀 놀라운 일이 아니다. 한 광원이 곤충을 끌어당기는 힘이 얼마나 강한가를 연구할 때, 그 광원이 어떤 곤충의 서식지에 있는지가 고려돼야 하는 이유다. IGB의 지빌레 슈로어 Sibylle Schroer는 베스트하벨란트의 가로등 들판에는 모기와 나방이 많았고 하루살이는 거의 없었다고 기록했다. 하루살이가 나트륨증기등보다 LED에 격렬하게 반응하는 것으로 관찰되었지만 연구가 진행된 지역에 사는 하루살이 개체 수가 적었으므로 그것을 신빙성 있는 연구 결과로 확증하기에는 어려움이 있다.

이처럼 LED의 곤충 친화성과 관련해서는 풀리지 않은 의문들이 몇 가지 남아 있다. 그리고 지금까지 확인된 바로는, 이 문제에서 중요한 것은 색온도가 아니라 청색광 비중이다. 방출되는 청색광이 적을수록 끌어들이는 곤충의 개체 수도 적다. 그러므로 지금 시점에서는 나트륨증기등과 앰버 LED를 선택하는 것이 그나마 낫다.23

하지만 주황색 불빛도 곤충에 해로운 영향을 미칠 수 있다. 드넓은 곳에서 오직 그 불만 빛날 때 그렇다. 그런 경우에는 '곤충 친화적' 광원조차 순식간에 진공청소기처럼 벌레를 빨아들인다. 그러므로 호숫가에 무조건 조명을 설치하겠다고 마음먹었다면, 원형 전등은 피하고 빛을 아래로 비추어야 한다. 무엇보다 너무 밝은 조명은 피해야 한다. 이는 곤충 애호가들을 배려한 조치만은 아니다. 인간 올빼미족의 눈부심도 덜어 줄 수 있다. 그리고 지금 당장 호숫가에 아무도 없어서 불빛이 쓸모없다면 그 빛은 꺼야 마땅하다.

친구 집에서 저녁을 먹고 차로 퍼스 시내를 가로지를 때는
꽤 늦은 시간이었다. 해는 이미 오래전에 자취를 감추었지만,
텅 빈 주차장은 대낮처럼 환했다. 불빛 아래로 갈매기 여러 마
리가 활공하고 있었다. 나는 그곳과 그리 잘 어울리지 않는 그
새가 혹시 벌레를 잡고 있는 것일까 생각했다. 그것 말고는 다
른 설명을 찾을 수 없었다.

죽으러 가는 길

이제는 새들의 그런 행동이 그리 드물지 않다는 것을 안다. 얼
마 전 트위터에 미국의 한 주유소 사진이 올라왔다. 환하게 불
을 밝힌 바닥을 찌르레기들이 한가득 기어 다니는 사진이었다.
주유소 사장은 바닥에 모이를 뿌려 놓은 것도 아닌데 새들이
왜 그러는지 모르겠다며 의아해했다. 새들에게 무슨 일이 일어
난 걸까?

대부분의 철새가 밤에 이동한다는 사실을 아는 사람은 많지
않다. 야간 비행을 하면 좋은 점이 한두 가지가 아니다. 밤에는
태양이 대기를 데우지 않기 때문에 한결 시원하고, 기류의 소
용돌이도 적어서 비행이 수월하다. 에너지가 덜 쓰일 뿐만 아
니라 일정 체온을 유지하는 데도 도움이 된다. 비행을 하면 근
육에서 많은 열이 발생해 주변으로 그 열기를 방출해야 하는데
이것이 여의치 않으면 새들의 몸이 과열된다. 그리고 무엇보

다 밤의 어둠은 맹금으로부터 새들을 가려 주는 보호막 역할을 한다.

야간 비행 중 새들은 지형지물과 지구의 자기장에 의존하여 방향을 잡는다. 그런데 새들이 어떤 도시권으로 들어가면 그 나침반을 무력화시킬 수도 있다. TV나 모바일 통신의 주파수 때문만은 아니다. 빛도 한몫을 한다. 새들의 나침반은 부리에 있고 시각 시스템과도 연결돼 있다. 그런데 빛이, 그중에서도 붉은빛이 그 나침반을 교란하는 것으로 보인다.

새들은 도시 위를 비행할 때 자기장에 의한 방향 감각은 잃어버리고 시각에만 의존하여 비행을 한다. 그 말은 즉, 새들이 가장 밝은 지점을 향해 날아간다는 뜻이다. 자연 상태에서는 곤충과 마찬가지로 달이 직선 비행에 가장 확실한 신호점이 될 것이다. 하지만 도시에서도 이 방향 탐지법을 이용한 새들은 곧장 불을 밝힌 고층 빌딩과 스카이 빔* 혹은 밝게 빛나는 주유소 바닥으로 날아간다.

빛의 소용돌이가 위험하기는 새도 곤충과 다르지 않다. 눈이 부셔서 앞이 보이지 않는 새들은 조명이 설치된 구조물이나 다른 새들과 집단으로 충돌한다. 이러한 충돌에 대부분의 새가 죽거나 상처 입은 상태로 바닥에서 쉬는 사이에 청소동물들에

---

* 강한 빛을 위로 쏘아 올리고 종종 움직이기도 하는 조명. 행사나 클럽 광고 등에 자주 사용된다.

게 잡아먹힌다.

트래비스 롱코어는 북미에서 조명이 설치된 방송탑과 충돌해 죽는 새만 해도 매년 700만 마리에 달할 것으로 추정했다.[24] 치명적 조명 인식 프로그램Fatal Light Awareness Program 캐나다 지부에서는 매년 북미에서만 10억 마리가 넘는 새들이 건물에 부딪쳐 죽는다고 발표했다. 미국에서 풍력 발전기 날개에 부딪쳐 죽는 새들은 적게는 14만 마리에서 많게는 32만 8,000마리 정도로 추정된다.[25] 하지만 풍력 발전기를 새들의 생존을 위협하는 원인 중 하나로 심각하게 논의해도 불을 밝힌 고층 건물의 위험을 주제로 삼는 환경 단체는 많지 않다.

불을 밝힌 고층 건물이 한 채만 있어도 새들의 세계에 미치는 영향을 확인할 수 있다. 독일 본에 있는 163미터 높이의 우체국 타워는 밤에 다채로운 색깔의 불빛을 낸다. 그리고 이 불빛에 몇몇 주민들만 방해를 받는 것은 아니다. 생태학자 하이코 하웁트Heiko Haupt가 14개월 동안 관찰한 바에 따르면 새 천여 마리가 밤이면 우체국 타워 주변에서 방향 감각을 잃거나 밤새 빛 주변을 맴돌았다. 그리고 200마리 이상이, 특히 상모솔새와 붉은 울새가 타워로 돌진해 목숨을 잃었다. 아주 작은 새 몇 마리는 건물 외벽에 쳐진 끈적끈적한 거미줄에 걸려 헤어 나오지 못했다.[26]

기후가 나쁠 때, 즉 구름이 가득 낀 날이나 폭풍우가 몰아치는 날에는 새들의 방향 감각에 이상 징후가 두드러졌다. 1910년

폭풍우가 치던 밤, 다뉴브강 하구 등대의 서치라이트* 속에서 메추라기 4,000마리가 죽은 사례가 대표적이다. 1954년 미국 조지아의 한 군사 기지에서는 하층 구름인 운저雲底의 고도를 측정하는 운고계ceilometer가 방출한 강력한 스포트라이트에 53종의 조류 5만 마리가 하룻밤 새 생명을 잃었다.

사람들 대부분은 빛의 인력이 조류에 이토록 치명적이란 사실을 알지 못한다. 맨해튼에서는 2002년부터 매년 911 테러에 희생된 사람들을 추모하는 '트리뷰트 인 라이트Tribute in Light' 행사가 열린다. 7일 동안 밤새도록 진행되는 이 행사에서는 그라운드 제로ground zero**에 설치된 7,000와트 이상의 전조등 88개가 두 개의 선을 그리며 하늘을 향해 빔을 쏘아 올린다. 해마다 빛의 향연이 벌어질 때면 빛 안에서 은색 점들이 보였다. 그것이 테러 희생자들의 영혼이라고 생각하는 관중들도 몇몇 있었지만 현실은 그리 시적이지 않았다. 그것은 바로 광선에 사로잡힌 새 떼였다.

코넬 조류학연구소의 앤드루 판즈워스Andrew Farnsworth와 카일 호턴Kyle Horton은 날아다니는 새들에게 광선이 얼마나 큰 영향을 미치는지를 알아보고자 했다. 그들은 7년간 맨해튼 현장에서 그 현상을 관찰하고 레이더 장치의 도움을 받아 새들의

---

* 어떠한 것을 밝히거나 찾아내기 위하여 빛을 멀리 비추는 조명 기구.

** 911 테러로 붕괴된 세계무역센터가 있던 자리.

비행경로를 연구했다. 그 결과는 충격적이었다. 새 약 110만 마리가 비행 운동을 하는 데 광선의 영향을 받았다. 레이더 기록을 분석한 결과, 행사장으로부터 1.5킬로미터 거리에 있는 새들은 모두 방향 감각을 상실했다는 결론에 이르렀다.27

광선 주변 조류의 밀도는 최대 20배까지 높았다. 절정 시간대에는 2~20킬로미터 떨어진 들판에서 150배까지 밀도가 높아졌다. 새들은 빛을 에워싸고 흥분해 소리를 지르면서 서로 부딪치거나 주변 건물에 가서 부딪쳤다. 빛이 꺼지면 새들은 안정을 되찾고 뿔뿔이 흩어졌다. 트리뷰트 인 라이트가 이토록 새들에게 치명적인 영향을 미치게 된 것은, 행사가 열리는 9월 중순이 철새 이동의 절정기와 겹치기 때문이다.

이러한 연구 결과에 행사 주최 측이 조치에 나섰다. 지금은 뉴욕시 오듀본협회Audubon Society의 자원봉사자들이 광선을 모니터링한다. 광선 주변에 1,000마리 이상의 새가 발견되거나 한 마리라도 죽은 새가 보이면 주최 측은 스위치를 끄고 새들이 다시 흩어질 때까지 기다린다. "죽은 사람을 기리기 위해 그 누구도 죽어선 안 된다." 주최 측 대표인 제니퍼 헬먼Jennifer Hellman은 말했다. 지금까지는 이 대책이 성공을 거두고 있다. 앤드루 판즈워스는 지난 몇 년간 죽은 새가 두 마리에 불과하다고 기록했다.

엄청난 강도의 빛을 뿜어내는 트리뷰트 인 라이트는 분명 빛 공해의 영향에 관한 특별한 사례이다. 하지만 조류 보호자들은 세계 곳곳에서 불을 밝힌 고층 건물에 새들이 충돌하는 사례를 보고한다. 미국 대도시 중 새들이 이동하는 주요 경로 상에 위치한 곳은 시카고, 휴스턴, 댈러스, 애틀랜타 그리고 뉴욕이다. 시카고는 세계에서 가장 밝은 도시 중 한 곳이다. 다른 네 도시에서도 건물들을 부각시키기 위해 밝혀진 외부 조명들로 밤은 낮이 되었고 그 때문에 많은 철새가 처형당한다.

치명적 조명 인식 프로그램 캐나다 지부는 관련된 도시들에서 이러한 생태적 재앙에 대한 인식을 확산시키려 노력 중이다. 그 일환으로 추진된 '토론토, 불을 꺼!Light Out Toronto!' 프로젝트는 고층 건물 운영자들이 철새 이동 기간만이라도 건물 조명을 내리도록 유도한다. 사무실 건물 중 다수는 외벽이 유리로 되어 있기 때문에, 이 프로젝트에 참여하는 건물들에는 실내조명을 끄거나 커튼을 다는 별도의 노력이 요구된다.

고층 건물이 발하는 원뿔 모양 빛 안에 들어간 새들이 모두 죽는 것은 아니다. 하지만 많은 새가 오랫동안, 몇 시간씩 그 안을 빙글빙글 돈 다음 빠져나온다. 그것만으로도 새들은 안전하지 않다. 장거리 이동은 철새들에게도 엄청나게 힘든 일이다. 붉은 울새는 몸무게가 20그램가량이고, 상모솔새는 5그램 정도밖에 되지 않는다. 겨울을 나기 위해 독일에서 북아프리카로 이동하기 전에 이 작은 새들은 배불리 먹어서 몸 안에 지방을 어느 정도 쌓아야 한다. 원뿔 모양 빛 안에서 쉬지 않고 날갯짓을 하는 동안 그 소중한 자원이 소모된다.

철새들은 소모된 에너지를 채우기 위해 오랫동안 휴식처에 머문다. 그리고 그 휴식처는 대부분 대도시 인근에 세워진 대형 광원 주변이다. 하지만 그런 곳은 휴식처로 삼기에 그리 적합하지 않다. 나무와 먹이는 적고 작은 새들에게 위협이 되는 쥐들은 많다. 많은 철새가 오랫동안 한곳에 머물면 상대적으로 먹이는 점점 더 부족해진다. 그래서 각각의 새가 긴 여정에 필요한 에너지원을 가득 채울 때까지 걸리는 시간은 더더욱 길어진다. 이는 철새뿐만 아니라 휴식처 주변에서 계속 살아가는 다른 동물들에게도 영향을 미친다. 도시의 빛 뚜껑은 이처럼 도시 주변의 생태 공간을 변화시키며 그 변화는 바람직하지 않은 방향으로 향할 때가 잦다.

새들의 출발점과 도착점에도 변화가 생긴다. 철새의 이동은 조류들이 생활 공간의 계절적 변화에 적응하는 방식이다. 이동의 시작을 알리는 신호는 기온과 낮의 길이 변화다. 빛 공해는 이러한 계절적 변화를 희미하게 만들곤 한다. 그 때문에 새들이 너무 일찍, 혹은 너무 늦게 이동을 시작하게 된다.

기후 변화와 도시화가 새들의 생태에 일으킨 변화는 이것만이 아니다. 많은 철새가 여름 서식지에 그냥 머물거나 이동을 축소하고 있다. 그 결과 해당 지역의 조류 동물 구성에 변화가 생긴다. 떠나지 않은 철새와 텃새 간의 경쟁이 나타나는 것이다. 철새들이 겨울을 나던 서식지에서도 철새들의 포식자들에게는 먹이 부족 현상이, 철새들의 먹이가 되던 열매와 벌레들에게는 소비 부족 현상이 일어난다. 지금 당장은 이러한 변화의 장기적 결과를 아무도 예측하지 못한다.

철새들이 도시 위에서만 위험에 빠지는 것은 아니다. 많은 철새 이동 경로가 해안선을 따라가거나 작은 바다를 건너는 식으로 이어진다. 그 경로에도 밤에 환하게 불을 밝힌 산업 단지와 항구 도시가 포함돼 있으며 그로 인해 '튜브형 코tube noses'들이 치명적 피해를 입고 있다.

신기한 별명으로 불리는 이 조류목에는 알바트로스와 슴새가 포함된다. 이들은 바다 위에서 생애의 대부분을 보내는 대단한 비행가다. 동시에 세계에서 가장 위태로운 새다. 물고기 사냥을 하던 새들도 함께 잡아 버리는 산업화된 어획 과정과 해양 오염이 그들에게 가장 대표적인 위협이다.

그들은 번식을 위해 스코틀랜드나 카나리아 제도에 거대한 식민지를 형성한다. 그러나 한 번에 하나씩만 낳는 그들의 알은 강도들에게 희생되기 십상이다. 특히 고양이나 쥐, 혹은 다른 위협적 종들이 유입된 섬에서는 그런 일이 많이 생긴다. 그 다음으로 그들을 괴롭히는 두 번째 위협은 기후 변화와 미세 플라스틱이 아닌 빛 공해다. 빛 공해는 특히 처음 밤 비행을 시도하는 어린 새들에게 영향을 미친다.28

어린 새들은 부모와 함께 드넓은 바다로 날아가는 대신 항구와 산업 단지를 밝힌 수천 개의 불빛을 따라간다. 심지어는 캄캄한 바다가 나오면 다시 돌아와 버리기도 한다. 그중 몇 마리는 캄캄한 출발점에서 수 킬로미터 떨어진 곳까지 나갔다가 기진맥진해 땅에서 쉬던 중 차에 치여 죽거나 개 혹은 고양이에게 잡아먹힌다.

철새의 자기적 방향 감각이 주황색 빛에 의해 교란되는 반면, 튜브형 코를 가진 새를 비롯한 바닷새들은 청색광에 강하게 이끌린다. 해안 지역에서는 특정 조명의 색깔을 선택하는 것이 제한적이지만 도움이 될 수 있다. 지금까지 경험에 따르면 주황색 조명이 부정적인 작용을 덜 하는 것으로 보인다.

그래서 호주의 생물학자 켈리 펜돌리 Kellie Pendoley는 가능한 한 조명을 덜 설치하고 필요한 경우에만 불을 켤 것을 권한다. 지난 30년 간 그녀는 호주 회사들이 최대한 동물 친화적인 조명으로 교체하도록 컨설팅을 해 왔다. 그녀가 보기에 부정적 영향을 가장 많이 줄일 수 있는 곳은 산업 단지다.

산업 단지는 안전상의 이유로 밤새도록 환하게 불을 밝히고, 대부분 에너지 효율성이 높은 나트륨증기등을 사용한다. 하지만 실제로 조명이 필요한 경우는 순찰할 때와 위급할 때뿐이다. 그런데 나트륨증기등은 스위치를 켠 뒤 10분이 지나야 최대 출력에 도달한다. 스위치를 끈 다음에도 15분가량 완전히 식혀야 다시 켤 수 있기 때문에 산업 단지에서는 밤새도록 그냥 켜 두는 편을 택한다. 이런 곳에서는 LED가 대안이 될 수 있다. LED는 빨리 켜고 끌 수 있으므로 실제로 그곳에 누가 있을 때만 불을 밝힐 수 있다. 그 결과 안전 면에서 그 어떤 손해를 보지 않으면서도 엄청난 에너지를 아끼는 동시에 빛의 방출도 줄일 수 있을 것이다. 켈리 펜돌리의 말에 따르면, 회사들은 처음에는 회의적이었지만 시간이 갈수록 빛을 조금만 사용하면서도 비용도 아끼는 그녀의 접근법에 환호했다고 한다.

생물학자 몇 명과 원주민 몇 명 그리고 관광객 한두 명으로 작은 그룹을 구성한 우리는 우틸라 섬의 해변에 반원을 그리고 앉았다. 분위기는 기대에 가득 차 있었고 낙관적이었다. 때는 오후였고, 우리는 저녁에 있을 완전히 특별한 어떤 현상을 기다리고 있었다.

이미 어스름이 깔리기 시작해 그리 오래 기다리진 않아도 됐다. 모래가 들썩이기 시작했다. 신비로운 순간을 놓치지 않으려면 정확히 어디를 쳐다봐야 할지 몰랐지만 그래도 우리는 모든 정신을 모래에 집중했다. 그리고 마침내 그 일이 일어났다. 아주 작은 회색 머리 하나가 모래를 뚫고 올라온 것이다. 하나만이 아니었다. 곧장 두 번째 머리가 올라왔다. 그리고 이곳저곳에서 모래가 심하게 들썩이면서 여러 마리의 거북이 사투 끝에 자유를 찾았다. 그들은 심각한 멸종 위기에 처한 매부리바다거북이었다.

우리는 흥겨운 분위기 속에서도 어떤 임무를 위해 모였는지를 잊지 않고 열성적으로 책임을 다했다. 우리는 이 작은 파충류를 호위했다. 머리 위에는 갈매기가 날아다녔고, 파도 끝자락에는 게들이 기다리고 있었다. 새끼 거북 중 다수가 바다에 이르지 못할 수도 있었다. 하지만 우리가 있는 한 갈매기들은 감히 땅 아래로 내릴 엄두를 내지 못했다. 게들은 이미 해변 다른 곳에 옮겨 두었다. 그럼에도 불구하고 열 마리의 거북이 바다에 이르지 못했다. 그들은 양동이에 담겨 사육실로 옮겨지길 기다렸다. 그곳에서 한두 달 더 자란 다음 바다에 방생될 예정이다.

바다에는 또 다른 위험이 그들을 기다리고 있다. 물고기, 상어, 돌고래, 바닷새 등등. 오늘 부화한 거북 중 20년 후에도 살아 있을 개체는 10퍼센트 미만이다. 그때까지 살아남은 암컷 몇 마리가 이 해변으로 돌아와 알을 낳을 것이다. 1억 년 이상을 존재했던 한 동물의 무리가 새로운 세대에 이르러 멸종 위기에 봉착했다.

다음 세대

이 행성을 급격히 바꾼 인류가 시작되기 전에도 바다거북은 다양한 천적에게 시달리고 있었다. 그리고 인류가 그들을 영양 공급원으로, 별식으로 발견하면서 무자비하게 학살당했다. 동시에 그들은 신체 일부가 플라스틱에 걸리거나 배 속을 플라스틱으로 채운 채 죽어 가면서 해양 오염의 심각성을 나타내는 상징이 되었다.

또한 그들은 해안의 빛 공해를 나타내는 징표이기도 하다. 인공조명이 바다거북의 번식을 위협하기 때문이다. 해변에서 바다거북이 낳은 알 1,000개 중 800개에서 새끼 거북이 부화한다. 하지만 그중 다음 번식에 성공하는 개체는 2마리뿐이다. 나머지는 잡아먹히거나 조명에 이끌려 잘못된 방향으로 기어간다.

빛으로 인한 문제는 이미 산란에서부터 시작된다. 바다거북은 자기가 태어난 곳 인근에 알을 낳는다. 산란은 대부분 밤에 이뤄진다. 기온이 낮고 어둠 속에서는 천적들이 둥지를 찾아내기 어렵기 때문이다.

그런데 오늘날 해변은 가로등과 같은 공공 조명, 환하게 불을 밝힌 식당과 호텔 혹은 가정집의 조명으로 오염되었다. 처음 희망했던 해변에서 어두운 구역을 찾지 못한 암컷 거북들은 어쩔 수 없이 다른 해변을 택한다. 하지만 산란하기 좋은 자리는 이미 꽉 차 있다. 다시 장소를 옮긴 암컷 거북들은 결국 소중한 알들을 그다지 적합하지 않은 곳에서 낳게 된다.

알들로 꽉 찬 해변에서는 짧은 시간 동안 너무 많은 새끼 거북이 부화한다. 갈매기와 게를 비롯한 천적들이 그들을 잡아먹는 건 누워서 떡 먹기나 다름없다. 그중 한 해변이 자연 현상으로든, 인간의 개입으로든 훼손되면 이 종이 입을 피해는 여러 곳의 부화지에 알이 분산돼 있을 때보다 훨씬 클 것이다.

환하게 불을 밝힌 해변에서 부화한 새끼 바다거북들은 또 다른 문제와 맞서 싸워야 한다.29 부화한 새끼들은 천적들의 눈에 띄거나 비축된 에너지가 소진되기 전에 가능한 한 빨리 바다로 가는 길을 찾아야 한다. 길을 찾는 게 그리 어렵지 않으므로 정상적 환경이라면 1~2분 사이에 성공하기 마련이다. 이제 막 부화한 새끼 거북들은 높고 어두운 구조물, 가령 사구沙丘 같은 것에서 멀리 떨어져 달빛과 별빛이 반사되는 얕은 수면을 향해 나아가면 된다.

그런데 빛 공해가 이러한 자연적 방향 감각을 흐릿하게 만들어서 새끼 바다거북들은 탈진할 때까지 감을 잡지 못하고 해변을 방황한다. 다수가 인공조명을 방향으로 잡고 그것을 향해 움직인다. 그렇게 도로를 건너다가 차에 깔려 뭉개지고, 고양이나 쥐에 잡아먹히고, 다음 날 아침 태양열에 말라 죽는다. 종종 주민들은 집에 딸린 수영장에서 새끼 바다거북들과 마주치곤 한다. 이렇게 매년 새끼 바다거북 10만 마리가 죽음을 맞는다.

해안 조명의 문제점을 줄이려는 노력이 있는 건 다행이다. 바닷새들과 마찬가지로 바다거북들도 특히 짧은 파장의 빛, 그중에서도 청색광에 강하게 이끌린다. 그래서 일부 해안에 붉은빛을 띤 주황색 조명을 설치하자 죽음을 맞는 새끼 바다거북의 숫자가 줄어들었다. 빛의 세기를 희미하게 낮추고 전등갓을 씌워서 바닥에만 빛이 닿도록 만들었을 때 효과가 가장 좋았다. 플로리다주의 바다거북보호협회sea turtle conservancy를 비롯한 여러 단체는 호텔과 가정집 실외 조명을 그렇게 교체할 수 있게 지원하고 있다. 대부분의 사람이 희미한 호박색 불빛을 마음에 들어 한 덕분에 바다거북들도 한결 쉽게 바다로 가는 길을 찾을 수 있게 되었다.

하지만 켈리 펜돌리는 '바다거북 친화적 조명'이란 개념을 좋아하지 않는다. 연한 주황색 조명이라 할지라도 어두운 환경에서 살아야 할 바다거북에게는 여전히 부정적인 영향을 미치기 때문이다. 산란을 위한 최고의 해변은 아무 빛도 비치지 않아야 한다. 그래서 그녀는 '바다거북을 의식하는 조명'이란 개념을 선호한다. 거북에게 미치는 영향을 가능한 한 줄이기 위한 노력을 드러내기에 더 적합하다는 이유에서다. 그러한 노력에는 가능하다면 조명 스위치를 아예 내리는 실천도 포함된다.

내수면에서도 스위치를 내리는 일은 중요하다. 그곳에서 태어난 장어와 연어 새끼들은 장래를 위해 대양으로 헤엄쳐 나간다. 그리고 성체가 되면 다음 세대를 낳기 위해 자신들이 태어난 지점으로 돌아온다. 하지만 대양에서 돌아오는 수가 점점 줄어들고 있다. 이유는 여러 가지지만 바다 환경이 악화되고 플랑크톤의 양과 구성이 달라진 것이 주된 이유다. 먹이사슬의 시작점에 있는 연어조차 그 영향을 피할 수는 없다.

그리고 생태학자인 로저 타보르Roger Tabor가 문제점을 하나 더 발견했다. 그는 워싱턴 호수에서 대왕 연어가 인공조명에 어떻게 반응하는가를 연구했고, 원양에서 조업하는 선단과 비슷한 원리를 찾아냈다. 새끼 연어들은 다리와 방파제 인근에서 나오는 불빛 아래로 떼 지어 모였고, 낮에 잘 보이는 눈을 가진 왜가리에게 이 작은 물고기들은 찾기 쉬운 먹잇감이 되었다. 거기에 주로 빛 아래에서 사냥하는 포식 어류들도 생겼다. 1럭스의 빛만으로도 새끼 연어들을 끌어들이기 충분했다. 적어도 그 빛이 붉은색이라면 말이다.[30] 반면, 청색광은 새끼 연어들을 놀라게 만들었다. 연어들은 파란색 빛이 비치면 어두운 곳으로 몸을 숨겼다.

LED 기술 덕분에 유행이 된 불빛 다리는 어린 물고기들이 강의 특정 구간을 지나 바다에 이르는 것을 어렵게 만들 수도 있다. 물고기들도 이동을 조금만 지연하면 철새들과 마찬가지로, 목표 지점에 도착하는 시기가 너무 늦어지고 먹이를 구하는 환경이 상대적으로 나빠질 수 있다.

산호초 사이에 사는 주민들조차 인공조명의 사정거리에서 벗어나진 못한다. 산호초에는 애니메이션 〈니모를 찾아서〉에 등장하는 광대물고기(흰동가리)가 산다. 아빠 광대물고기는 알들이 부화할 때까지 수많은 위험으로부터 지키기 위해 온갖 노력을 다한다. 이 사랑스러운 산호초 주민들은 이미 산호초의 표백 현상과 기후 변화로 시련을 겪고 있다. 그리고 2019년 호주의 한 과학자가 경보음을 울렸다. 그녀가 실험실에서 최근의 해안 밝기로 시뮬레이션을 한 결과, 물고기가 단 한 마리도 부화하지 않았다.

산호 자체도 빛의 영향을 받는다. 인공적으로 하늘이 빛나는 스카이글로 현상 때문에 달의 위상 변화는 무색해졌는데 산호의 성생활에는 달의 변화가 매우 중요하다. 올바른 짝을 찾는 것은 동물들에게도 굉장한 도전이다. 활동적으로 파트너를 탐색할 수 없는 산호는 남다른 전략을 택했다. 그들은 단 몇 개라도 생식에 성공하길 바라며 수백만 개의 난자와 정자를 바다에 방출한다.

같은 시점에 이 일을 하는 산호들이 많을수록 전략의 성공률은 높아진다. 하지만 위상 변화가 없는 인공조명 아래에서는 난자가 방출되지 않는다. 이는 산호가 사라지게 된 요인 중 하나로 꼽힌다.[31]

인공조명은 다른 동물의 연애도 방해하는 것으로 보여진다. 불빛이 출렁이는 밤에 반딧불이의 신호가 줄어들어도 나방은 큰 문제가 없어야 했다. 그들은 페로몬 향을 따라서 제법 먼 거리에서도 서로를 발견하기 때문이다. 그런데 어떤 나방 종은 야간 조명 아래에서 페로몬을 덜 분비해 짝짓기에 성공할 확률이 줄어들었다.[32]

거품개구리들은 좀 더 직접적인 영향을 받는다. 그들은 수컷의 울음소리로 서로를 찾아낸다. 그런데 너무 밝은 밤에 암컷은 심사숙고하여 짝을 고르는 대신 그냥 가까운 곳에 있는 수컷에게 만족하고 교미를 했다. 마음에 드는 수컷을 찾아 먼 길을 가는 동안 처할 수 있는 위험을 줄이기 위해서일 것이다.[33]

바다거북과 산호 그리고 거품개구리들이 위기에 내몰린 상황에 우리 인간들은 간접적으로만 연관될 뿐이다. 하지만 식물의 생식이 어려움을 겪는다면, 예를 들어 슈퍼마켓의 과일이나 야채 코너에 이상이 생기면 우리도 직접적인 영향권 아래 들어가게 된다. 동물 사료, 옷, 건축 자재 그리고 많은 약품 또한 식물성 원료로 만들어진다. 식물의 85퍼센트가량이 생식 과정에서 동물들의 도움을 받아 수분(受粉)을 한다. 수분의 경제적 가치는 3,610억 달러가량으로 평가된다. 수분은 중요한 경제 요인이고 우리의 생존에 필수불가결한 요소다.[34]

수분이라는 단어 앞에 우리는 대부분 날아다니는 꿀벌을 떠올린다. 그런데 야생벌의 숫자가 점차 줄어들고 있다. 상황은 꽤 심각하다. 2017년, 27년간 독일 내 곤충 총량의 82퍼센트가 사라졌다는 연구 결과가 발표돼 사람들에게 충격을 안겼다.[35] 이러한 '생태적 아마겟돈'의 원인으로는 집약 농업, 생활 공간의 변화, 기후 변화 등이 거론되었으나 그것만으로는 곤충 개체 수 감소가 완전히 설명되지는 않는다. 환경 단체들은 빛 공해가 수많은 곤충의 사멸에 영향을 미친다는 사실은 간과한다. 대부분의 야생벌, 딱정벌레, 빈대, 파리, 말벌, 집게벌레 그리고 나방이 빛 공해가 위협하는 밤에 자신들의 일을 하고 있다.

나방 하면 우리는 주로 옷에 난 구멍이나 묵은 곡식에 생긴 구더기를 떠올리지만, 대부분의 나방은 밤에 나무들과 풀숲 사이를 날아다니며 긴 구간에 걸쳐 꽃가루를 옮긴다. 수분에 있어서는 그들이 낮에 일하는 벌들보다 훨씬 효율적이다. 벌들은 꽃가루의 일부를 유충에게 먹이지만 나방들은 맡겨진 화물을 고스란히 다른 꽃들에게 운송한다.[36]

수십억 마리의 곤충들이 꽃가루 매개자로서 자신들의 임무를 다하는 대신 가로등 주변을 맴돌고 있다는 사실은, 빛이 곤충들의 수분 작업에 영향을 미친다고 가정할 만한 근거가 된다. 베른대학교의 에바 크놉Eva Knop은 땅으로 눈을 돌려 빛이 비치는 풀밭과 비치지 않은 풀밭을 비교했다. 그리고 실제로 빛이 비치는 풀밭에서 바쁘게 기고 뛰는 곤충들의 수가 어두운 풀밭보다 훨씬 적다는 사실을 발견했다. 직접 비교에서는 빛이 비치는 곳의 개체 수가 어두운 곳의 3분의 1 수준이었다.[37] 그래서 같은 종이라도 빛이 비치는 곳의 곤충들은 어떤 꽃에 앉을지를 더 까다롭게 골랐다. 하지만 수분이 제대로 되지는 않았다.

열매의 수도 줄어들었다. 적어도 낮에 날아다니는 곤충들의 중요한 영양 공급원인 양배추와 엉겅퀴의 경우에는 그랬다. 먹이가 줄어들자 먹이사슬을 통해 좀 더 큰 동물들, 예를 들면 새나 박쥐, 고슴도치에게도 영향이 미쳤다.

야간 조명으로 간접적으로나마 득을 보는 식물도 있다. 영국에서 진행된 한 연구 결과에 따르면, 흰동자꽃은 백색 LED 조명 아래에서 더 자주 수분이 되었고 열매도 더 많이, 더 튼실하게 맺었다. 학자들은 LED 빛이 곤충들을 끌어들이고 그 구역에 오래 머물도록 붙들었기 때문이라고 추측했다.[38]

무엇 때문에 수분 성공률에 이러한 차이가 생기는지는 분명치 않다. 하지만 인공조명의 영향을 받아 일부 식물 종이 다른 식물에 비해 우위를 갖고 더 잘 번성하게 되는 것도 우려할 만한 일이다. 그를 통해 꽃가루 매개자는 물론, 그 매개자들로부터 영양분을 얻는 다른 동물들에게 공급되는 먹이에도 변화가 생기기 때문이다. 가령 나방은 새와 박쥐의 중요한 영양 공급원이다. 한 식물 종의 수분에 생긴 변화는 단지 그 식물의 번식이 시원찮게 되는 것으로 끝나지 않는다. 그 여파는 먹이사슬을 타고 점점 전파되어 전체 생태 시스템에도 변화를 초래한다.

혹시 당신이 데킬라 애호가라면 지금 곤충 걱정이나 할 때가 아니다. 데킬라의 원료인 용설란은 여러 열대 식물과 마찬가지로 척추동물에 의해 수분이 된다. 900종이 넘는 새들이, 그중에서도 벌새와 앵무새가 식물들의 성생활에 중요한 역할을 한다. 밤에는 크고 작은 박쥐들이 수분에 큰 몫을 한다.[39] 지금까지 이 사실을 몰랐던 것은 당신만이 아니다. 학자들조차 벌새와 도마뱀, 박쥐와 작은 포유류들이 꽃가루 매개자란 사실을 크게 고려하지 않았다. 그 탓에 야간 조명이 척추동물의 수분에 미치는 영향에 대해서 알려진 바가 거의 없었다.

하지만 베를린 박쥐연구소의 크리스티안 포크트와 다니엘 레반치크Daniel Lewanzik가 힌트를 줄 수 있다. 그들은 소웰짧은꼬리박쥐가 후추나무의 열매를 먹을 때 빛의 방해를 받는지를 연구했다. 그 결과, 소웰짧은꼬리박쥐는 조명 아래 있는 후추나무의 열매를 드물게, 그것도 아주 늦은 밤에야 수확했다. 새들이 열매를 먹는 것은 씨앗이 뿌려지고 싹이 나도록 하는 데 매우 중요하다. 박쥐가 없으면 새로운 후추나무도 없다. 4.5럭

스의 빛이면 박쥐들이 놀라서 물러나게 하는 데 충분했다. 이
정도는 오늘날 가로등에서 비치는 빛보다 훨씬 약하다.[40]

해가 한참 전에 저물었는데도 알버트 공원은 캄캄해지지 않았다. 전등이 켜진 수변 산책로 뒤로 F1 경기장의 야간 조명이 하늘을 밝히고 있었다. 호수 위로는 번쩍이는 멜버른의 실루엣이 비쳤다. 돌을 던지면 맞출 수 있을 만한 거리에서 결혼식 파티가 열리는 가운데, 앤 울스브룩Anne Aulsebrook은 검은고니를 관찰하고 있었다. 지금은 부화 기간이다. 암컷은 둥지에 앉아 있고 낮 동안 알을 품었던 수컷은 휴식을 취하거나 먹이를 찾는다. 그들의 밤 생활에는 큰 지장이 없는 것처럼 보였다. 그들은 잘 가꿔진 잔디밭 너머를 유유히 지켜보고 있었다.

앤 울스브룩은 이미 이 검은고니 여러 마리를 품에 안아 보았다. 새를 잡아 그들의 활동을 측정하는 기계를 달거나 이미 달아 놓은 기계를 떼어 내기 위해서는 그래야 했다. 그녀는 내게 이 고니들은 이미 사람들에게 익숙해서 잡는 것이 정말 쉽다고 말했다. 자연 보호 구역에서 연구를 할 때와는 전혀 달랐다. 그곳에서는 새들 근처도 가지 못했다. 하지만 도시에서 고니를 잡는 일에 어려움이 전혀 없는 것은 아니다. 새를 잡으면 여지없이 행인들이 끼어들어 불쌍한 새를 보호하려 들기 때문이다. 다행히도 지금까지는 설명으로 그런 사람들을 안심시킬 수 있었다.

그녀의 경험에 따르면, 새들은 뒤끝이 없다. 측정기를 달아 놓은 새들 중 몇몇은 먹을 것만 있으면 기꺼이 그녀 곁으로 다시 다가온다.

자연의 박자가 흐트러질 때

앤 울스브룩은 멜버른대학교의 박사 과정생으로 도시의 야간 조명이 검은고니의 수면에 어떤 영향을 미치는지 알아보려 했다. 그녀는 검은고니가 정말 흥미로운 동물이라고 생각했다. 일부 좋은 행인, 소음, 빛 공해 등 다양한 방해 요소에도 불구하고 도시 생활을 잘해 내는 것처럼 보였기 때문이다. 작은 새들과 달리 고니들은 잘 때도 풀숲이나 나무 구멍으로 돌아가지 않고 탁 트인 수면이나 잔디밭에서 잔다. 앤 울스브룩은 검은 고니들이 잠들기 전에 특별히 어두운 지점을 찾는지를 관찰했지만 이렇다 할 증거를 찾지 못했다. 그녀는 "어떤 검은고니는 전등 바로 아래에서 잔다"고 기록했다.

그녀는 박사 논문을 위해 검은고니들의 활동 시간을 연구했다. 원래 검은고니들은 주행성이지만 부화기에는 리듬이 달라진다. 적어도 수컷들은 야행성이 된다. 검은고니들은 교대 근무를 하며 알을 품는다. 밤에는 암컷이, 낮에는 수컷이 둥지 위에 앉는다. 밤에 수컷들은 먹이를 찾으러 나간다. 검은고니들은 빛이 비치는 환경에 달리 적응할 수 있는 능력 덕분에 빛 공해도 잘 극복하는 것처럼 보인다. 하지만 더 자세히 살펴보면 교대 근무 리듬이 헝클어져 수컷들이 둥지에 묶여 있는 시간이 더 길어진 것을 알 수 있다.

동물의 활동 시간만 연구해서는 앤 울스브룩이 가진 질문에 대한 충분한 답을 얻을 수 없다. 어떤 동물의 활동 시간이 그 동물의 활동 방식과 수면 행태에 관해 모두 말해 주는 것은 아니기 때문이다. 나는 앞서 인간의 수면 부족이 가져오는 결과에 대해 설명한 바 있다. 수면 부족이 동물에게 미치는 영향에 대해서 우리가 아는 것은 몇몇 종에 관한 것뿐이다. 하지만 최소한 쥐의 경우에는 인간과 유사한 건강 문제를 일으킨다.

인간의 경우 수면 실험실에서 머리에 붙인 전극판을 통해 수면의 질을 측정한다. 자유롭게 사는 새들에게 이런 실험은 어려운 일이다. 그리고 그 어려운 걸 앤 울스브룩은 해냈다. 그녀는 비둘기에게 전극판을 붙여서 야간 조명 아래에서 그들의 뇌파가 달라지는지를 측정했다. 추가로 그녀는 고니와 비둘기의 호르몬 수치에도 관심을 가졌다. 그녀는 이 책에서 이미 여러 번 언급된 멜라토닌의 수치를 측정했다.

많은 동물이 인간과 마찬가지로 생물학적 리듬에 따라 멜라토닌을 분비한다. 그 동물이 주행성이든 야행성이든 상관없이 그 호르몬은 어두울 때 생성된다. 그러므로 멜라토닌을 '수면 호르몬' 혹은 '휴식 호르몬'이라고 부르는 것은 옳지 않다. 야행성 동물에게는 활동을 자극하는 쪽으로 작용하기 때문이다. 그들은 멜라토닌이 분비되지 않으면, 즉 빛이 비치면 잠을 잔다. 심지어 검은고니 수컷은 한 해 주기에 따라 멜라토닌에 대한 반응을 달리한다.

어떤 경우에든 멜라토닌은 필요하고 멜라토닌이 분비되려

면 어둠이 필요하다. 어둠과 멜라토닌이 있어야 한 생명체가 일정한 시간에 정해진 행동을 할 수 있다. 그런데 인공조명은 수백만 년 동안 살아남기 위해 꼭 필요하다고 증명된 리듬을 헝클어뜨렸다. 성가신 빛을 커튼으로 가릴 수 있는 인간과 달리, 동물들은 야간 조명에 대한 그 어떤 보호막도 갖고 있지 않다. 그렇게 그들의 '침실'은 환하게 밝혀졌다.

앤 울스브룩은 지금까지도 검은고니에 대한 수많은 정보를 분석 중이다. 그러는 사이 인공조명이 어떻게 생물학적 리듬을 헝클어뜨리는지에 관해 다른 조류를 대상으로 한 연구 결과가 나왔다. 이 연구 대상은 명금류였다.

명금류의 콘서트는 이른 아침부터 시작된다. 해가 뜨기 45분 전쯤 검은머리딱새가 처음으로 머뭇머뭇 노래를 부르면 검은지빠귀가 목소리를 보탠다. 꼬까울새와 검은머리명금도 따라서 노래한다. 해가 지평선 위로 머리를 내밀면 박새와 찌르레기도 합창에 동참한다. 그런데 조류 애호가들은 예전보다 더 일찍 일어나야 새 노래를 들을 수 있게 되었다. 몇몇 새들이 평소보다 일찍 노래를 시작했기 때문이다.

헬름홀츠 환경연구센터UFZ의 안야 루스Anja Ruß는 박사 논문 연구의 일환으로 며칠 밤에 걸쳐 라이프치히에서 나는 소리에 귀를 기울였다.[41] 안야 루스의 관찰에 따르면 도시의 여름 밤, 나이팅게일은 그 명성이 아깝지 않은 노래 솜씨를 뽐냈다. 라이프치히 중앙역 인근에서 새벽 1시 30분부터 이 밤의 가수

들이 경연을 벌였고 거기에는 검은지빠귀도 동참했다. 안야 루스는 불을 환히 밝힌 중앙역에서 자연 그대로의 어둠을 유지한 숲 공원까지, 도시 내 다양한 조류 서식지를 비교했다.

인공조명 때문에 일찍 잠에서 깨는 건 박새들도 마찬가지였다. 벨기에 앤트워프대학교의 토마스 라프Thomas Raap 는 며칠 동안 박새들의 둥지를 가로등 한 대와 같은 밝기로 비추었다. 빛을 비추지 않은 둥지와 비교했을 때 박새들은 최대 24분 일찍 잠에서 깼으며, 특히 겨울철에는 매일 밤 평균 40분씩 잠을 덜 잤다.42

수면 부족은 새들이 새끼를 돌보는 시기, 즉 심한 스트레스에 시달릴 때 더 뚜렷하게 나타났다. 새끼 박새들은 자연적 조건에서 밤이면 잠을 잤다. 하지만 불이 밝혀진 둥지에서는 계속해서 먹이를 달라고 졸랐다. 토마스 라프는 어미 새가 겨울철에 먹이를 일찍 구하러 나가는 이유가 여기에 있을 것으로 추측했다. 하지만 어미가 먹이를 구하러 다니는 시간이 늘어났다고 해서 더 좋을 건 없었다. 불을 밝힌 둥지에서는 새들의 몸무게가 늘지 않는 탓에 생존 가능성은 오히려 악화되었다. 수면 시간이 줄어든 것이 어미 박새에게 어떤 영향을 미치는지는 아직까지 밝혀지지 않았다.

그런데 빛은 하루하루의 리듬만이 아니라 계절적 리듬에도 영향을 미친다. 노래, 번식, 철새 이동, 털갈이 등이 모두 낮의 길이에 의해 결정되기 때문이다. 진화 과정에서 낮의 길이는 변덕스러운 온도 변화보다 더 신뢰할 만한 기준으로 인정되고, 계절별 현상을 적기에 준비하는 데도 중요한 요소가 된다. 그런데 100년도 채 안 되는 사이에 인공조명이 급격하게 늘어나자 동물들의 일 년 주기 리듬이 흐트러졌다. 인공조명이 자연적인 낮의 길이 변화를 가렸기 때문이다.

몇몇 학자들은 혹시 이 문제가 새들의 번식에도 영향을 미치는지를 알아보기 위해 노력 중이다. 새들이 아침에 부르는 노래는 아름다움과는 큰 상관이 없기 때문이다. 그들은 둥지를 지키고 암컷을 찾고자 노래를 부른다.

제비젠에 있는 막스플랑크 조류연구소Max-Planck-Institut für Ornithologie의 아르노 다실바Arnaud da Silva는 꼬까울새, 벌새, 박새, 푸른박새가 불이 밝혀진 지역에서는 아침 노래를 좀 더 일찍 시작하고 신부를 구하려는 노력도 일찍 시작한다는 사실을 확인했다.[43] 푸른박새들의 경우 조명이 산란 시기를 앞당기는 데도 한몫해서 밝은 곳에서는 그 시기가 평균 이틀 빨라졌다.[44] 네덜란드의 박새들은 불이 밝혀진 곳에서는 부화가 닷새나 앞당겨졌다.[45]

봄은 털옷을 갈아입는 시간, 즉 털갈이의 계절이기도 하다. 그 시기도 낮의 길이에 의해 결정된다. 또한 겨울 동안 일종의 휴면 상태에 들어갔던 수컷들의 고환도 신부를 찾는 노래를 부르는 동안 커진다.

독일 남부 라돌프첼에 있는 막스플랑크 조류연구소의 다비데 도미노니Davide Dominoni는 도시와 시골 지빠귀들의 산란과 털갈이 행태와 고환 크기 등을 비교했다. 그리고 여기서도 인공조명이 계절적 변화의 시기를 앞당기는 것으로 나타났다. 도시 지빠귀들의 고환은 시골 지빠귀들보다 26일 먼저 생식 기능이 가능한 정도로 발달했다. 또한 도시 지빠귀들은 시골 지빠귀들보다 13일이나 빨리 번식과 털갈이를 했다. 물론 도시 지빠귀들의 생활은 조명 외에도 여러 가지 면에서 시골 지빠귀들과 차이가 났다. 그래서 다비데 도미노니는 비슷한 환경을 조성해 새장 안 새들을 연구했고, 거기서도 야생 지빠귀들과 유사한 차이가 관찰되었다.

우리 사회에는 "일찍 일어나는 새가 벌레를 잡는다"는 속담이 있다. 그 말에 따르면 일찍 번식을 시작하는 것이 새들에게 유익할지도 모른다. 실제로 일찍부터 노래를 부르기 시작한 박새들이 암컷을 만나게 될 가능성이 높았고, 밝은 지역의 수컷 지빠귀들은 두 번째 산란 둥지를 얻을 가능성이 높았다.46 하지만 이른 산란에는 위험성도 적지 않다. 너무 이른 봄에는 기습적으로 추위가 찾아올 위험이 높고, 이는 자손을 이어가는 데 치명적인 결과를 낳을 수 있다.

또한 시기적으로 먹이가 충분한지도 의문이다. 일반적으로 동물들의 번식기는 먹이 공급이 원활한 시기와 맞아떨어지기 때문이다. 이른 산란으로 먹이가 충분치 않은 환경에서 잠이 부족한 어미와 새끼가 먹이를 보다 많이 먹게 되는 것은, 이 동물들의 생존에 미세하게나마 영향을 미칠 수 있다. 새들은 이 특수한 상황을 두 번째 산란을 통해 상쇄하기도 한다.

수컷들에게 번식기의 시작은 영역 투쟁의 시작을 의미한다. 스트레스와 에너지 소모, 영양 섭취가 늘어난다는 뜻이다. 이러한 변화에 장점과 단점 중 무엇이 우세할지는 향후 연구를 통해 밝혀질 것이다. 이미 밝혀진 바에 따르면, 대륙검은지빠귀는 인공조명의 영향을 크게 받지 않는다.[47] 푸른박새는 인공조명에 반응을 보이긴 하지만 친척뻘인 박새에 비해서는 격렬하지 않은 편이다.[48] 그런데 이 두 종이 같은 서식지를 나눠 쓰는 관계로, 인공조명에 대한 반응 차이는 한 종에 진화적 장점으로 작용할 수 있다. 장기적으로는 인공조명의 영향으로 종 구성이 달라질지도 모른다.

다비데 도미노니가 연구를 시작한 지 두 번째 해에 새장 속 지빠귀에서 관찰한 어떤 변화는 우리를 더 불안하게 만든다. 첫해에는 불이 밝혀진 상태에서 밤을 보낸 연구 집단 수컷의 고환 발달이 도시의 새들과 똑같이 앞당겨졌다. 그런데 두 번째 해에는 고환이 아예 발달하지 않았다. 야간 조명의 영향을 받지 않은 새장 안 새들은 예년과 다름없이 고환이 발달해 번식했다.[49]

다비데 도미노니는 이렇게 된 확실한 원인을 찾아내지 못했지만 두 가지로 짐작한다. 먼저, 인공조명 아래에서는 낮의 길이 변화로 인한 계절 변화를 느낄 수 없기 때문에 동물의 일주기적 시스템이 더 이상 반응하지 않았을 수 있다. 새가 봄의 시작을 알아채지 못한 것이다. 또는 우리 인간을 포함한 많은 동물들이 그러하듯이 새들도 인공조명 때문에 만성적으로 스트레스를 받았고, 그것이 생식에도 부정적 영향을 미쳤을 수 있다. 정확한 원인이 무엇이든 확실한 점은 인공조명이 개체가 살아남는 데 영향을 미친다는 것이다.

가로등이 도시 지빠귀들에게도 이처럼 지대한 영향을 미친다는 증거는 아직 나오지 않았다. 여기에는 빛의 양이나 지빠귀들의 습성이 관련돼 있다. 다비데 도미노니가 측정한 연구지역 가로등 아래 밝기는 6럭스였고, 연구실 새장 안은 0.6럭스로 보름달보다 조금 밝은 정도였다. 그렇다면 도시 지빠귀들 사이에서 더 치명적인 결과가 나타났어야 하는 것 아닐까?

도시 지빠귀들이 밤에 먹이를 찾을 때 가로등 불빛을 활용하긴 했지만, 잘 때는 풀숲 사이 조용한 자리를 찾아갔다. 이를 알아보기 위해 다비데 도미노니는 몇몇 개체의 몸에 작은 빛 측정기를 달았다. 그렇게 측정된 도시 지빠귀가 받은 빛의 평균은 0.2럭스였다. 새장 속 동지들보다 적은 빛에 노출되었다.

이는 지빠귀들의 거처는 더 어두운 곳에 있다는 뜻이다. 하지만 도시의 조명도가 점점 더 올라가면서 이 동물이 적당한 잠자리를 찾는 일도 점점 어려워질 것이다. 그러면 수컷 지빠귀들의 생식력도 약해질 수 있다. 다비데 도미노니는 앞으로 몇 년간 관련 연구를 더 해나갈 계획이다.

계절만이 아니라 달도 번식에 정당한 타이밍을 잡는 데 큰 역할을 한다. 쏙독새 일부 종은 다음 보름달 기간과 맞추어 알을 낳는다. 보름달이 뜨면 부모들이 먹이를 구할 시간이 늘어나 새끼들이 영양 섭취를 가장 많이 할 수 있기 때문이다.[50] 하지만 빛 공해가 달의 위상을 가리고 벌레들이 어미 새의 주둥이가 아니라 가로등으로 몰려들자 쏙독새 새끼들은 배를 곯게 되었다.

낮의 길이는 새들만이 아니라 포유류에도 영향을 준다. 잠시 눈을 지구 반대편으로 돌리자. 타마왈라비는 캥거루의 친척으로 몸집이 캥거루보다 작고 야행성이다. 많은 야행성 동물이 보름달이 뜬 밤은 활동을 피한다. 올빼미와 여우를 비롯한 다른 육식 동물들의 먹잇감이 되기 때문이다. 하지만 캥거루 섬에 사는 타마왈라비 무리는 달빛이 비치든 인공조명이 켜지든 아랑곳없이 탁 트인 평지에서 먹이를 계속 먹었다. 야행성이지만 빛에 느긋한 반응을 보였다. 타마왈라비는 잠재적 위험을 파악하는 데 청각보다는 시각을 주로 사용하기 때문에 인공조명이 그들에게는 장점으로 작용한 것으로 보인다.[51]
하지만 인공조명이 그들의 번식을 엉망진창으로 만들어 버릴 수도 있음이 증명되었다. 그들은 1월 하순에 한꺼번에 새끼를 낳는다. 그렇게 하면 모든 새끼의 나이가 엇비슷해져서 큰 무리 안에서 보호를 받는 혜택을 누릴 수 있다. 그런데 한밤에도 불을 환하게 밝힌 군부대 주변에서 사는 타마왈라비는 몇 주에 걸쳐 산발적으로 출산을 했다. 게다가 정상 출산일보다 늦게 새끼를 낳는 개체 수도 늘어났다. 그러면 새끼를 늦게 낳은 어미들은 새끼들을 먹이기에 충분한 먹이를 구하지 못할 위험이 크다.52

이스라엘에서는 포유류의 번식기가 낮의 길이와 연결돼 있으므로 인공조명을 달아서 유해한 동식물을 내쫓자는 아이디어가 나왔다. 유해 동식물 퇴치는 농사를 짓는 사람들에게는 아주 민감한 주제다. 농부들이 살아남기 위해서는 수익이 날 만큼 수확하는 것이 매우 중요하다. 하지만 소비자는 화학 살충제를 피하는 데 더 큰 가치를 둔다. 그래서 화학 성분 대신 빛을 활용하자는 아이디어는 매력적으로 받아들여졌다.

이에 아브라함 하임Abraham Haim 교수가 이끄는 연구팀은 서아시아 들쥐들로 실험을 진행했다. 연구팀은 들쥐들이 낮이 짧아지는 것을 신호로 짝짓기 할 시기를 정한다는 사실에 착안해 밤에 불을 밝혔다. 그리고 그 결과를 확인한 연구팀은 깜짝 놀랐다. 들쥐들은 더 이상 번식을 하지 않았을 뿐 아니라 어느 시점에 다 같이 얼어 죽어 버렸다. 인공조명 때문에 계절을 인식하지 못한 들쥐들은 신진대사 시스템이 동절기에 적합하게 바뀌지 않았다. 추위가 닥쳤을 때 살아남기에 충분한 열을 발산하지 못한 것이다. 어두운 곳에 사는 친구들이 살을 찌우는 시기에 그들의 체중은 오히려 줄었다.

호르몬 연구에서는 그들이 엄청난 스트레스에 시달렸고 그 점이 면역 체계에 부적정인 영향을 주었다는 사실도 확인되었다.53 이 결과는 앞서 언급된 회색쥐여우원숭이를 떠올리게 한다. 광고판 하나를 설치하는 것만으로도 작은 포유류들에게는 이렇게 치명적인 결과를 낳을 수 있다.

생물학적 리듬은 거의 모든 생명체에서 나타나며 당연히 식물도 예외가 아니다. 우리 인간에게 무엇보다 익숙한 리듬은 계절이다. 봄에는 꽃봉오리가 맺힌 다음 꽃이 피고, 가을에는 갈색으로 변한 잎이 떨어진다. 동물과 마찬가지로 식물에서 이러한 변화를 이끌어 내는 것 또한 기온과 낮의 길이 변화다. 우리는 저녁 무렵 꽃과 잎이 오므라드는 것 같은 일주기 리듬, 즉 하루에 일어나는 일정한 리듬을 식물에서 발견할 수 있다. 낮에는 기체를 교환하는 잎 뒷면의 작은 공기구멍이 닫히고 밤에는 줄기가 자라는 것처럼 우리 눈에 보이지 않는 곳에서도 리듬은 지켜진다. 다른 많은 식물과 달리 엘더, 부들레야, 달맞이꽃 등 밤에 꽃이 피는 야행성 식물들도 있다.

식물의 리듬은 색소에 의해 제어된다. 크립토크롬cryptochrome은 식물의 일주기 리듬을 담당하고, 피토크롬phytochrome은 발아, 성장, 개화, 잎의 시듦을 조정하고 해당 식물이 빛을 따라 자랄지 아니면 빛을 피해 자랄지를 결정한다.

이러한 리듬에 대한 지식이 일 년 중 특정 계절에 맞춰 꽃을 개화시켜야 하는 관상용 식물 재배 산업에서는 아주 오래전부터 활용돼 왔다. 지금까지는 빛 공해가 그런 식물들에 미치는 영향에 대해서는 관심이 적었다. 다만, 빛이 가로수에 미치는 영향을 파악하는 건 힘들지 않았다. 이미 1930년대에 뉴욕의 자연 과학자인 에드윈 매트츠케Edwin Matzke가 가로등에서 먼 곳에 있는 포플러보다 가로등 주변의 포플러에 잎이 더 오래 달려 있다고 기록했다. 1럭스 미만의 빛으로도 그런 현상이 일어나기에는 충분했다.[54] 후속 연구들은 그의 관찰이 참임을 확인하였을 뿐 아니라 빛이 만들어 내는 식물들 간의 시차가 무시할 수 없을 만큼 크다는 사실도 알아냈다. 피렌체에서는 조명을 받은 플라타너스에 나뭇잎이 달려 있는 기간이 자연 상태보다 20일 더 길었으며, 몇몇 이파리는 1월까지도 초록색을 유지했다.[55]

이 책을 읽는 지금이 가을이라면 눈을 크게 뜨고 도시의 거리로 나가보길 권한다. 인공조명의 영향을 어렵지 않게 목격할 수 있을 것이다. 찬찬히 둘러보면 심지어는 한 나무 안에서도 위치에 따라 빛의 영향이 다르게 나타난다는 사실을 발견할 수 있다. 광원과 가까운 나뭇잎은 아직 푸르고, 멀리 떨어진 가지는 벌써 앙상하다. 시선을 바닥으로 향하면 영향을 받는 게 비단 나무만은 아니라는 것을 확인할 수 있을지도 모른다. 나는 이미 수년간 베를린에서 11월에 데이지가 피는 것을 목격해 왔다.

봄에 도시를 떠나 시골에 가면 인공조명과 기온의 영향을 분명히 실감할 수 있다. 도시에는 이미 사방이 초록인데, 시골은 달라 보일 때가 많다. 도시의 나무들에 잎이 오랫동안 매달려 있고 봄에는 일찍 꽃봉오리가 맺히는 것은, 70년대부터 일정한 흐름으로 확인돼 왔다. 이러한 현상에는 기후 변화가 한몫하는 것으로 보이지만 그것만으로 모든 게 설명되진 않는다.

영국의 시민 과학자들은 30여 년간 시골과 도시의 다양한 나무에서 꽃봉오리의 형성을 비교했다. 도시의 물푸레나무는 시골보다 만 7일 먼저 싹을 틔웠다. 도시가 시골보다 따뜻해서 도시의 식물들이 일찍 발달하는 것으로 해석되었다. 하지만 같은 도시라 하더라도 더 밝은 구역일수록 나뭇잎이 일찍 달렸다. 빛 또한 기온만큼 중요한 역할을 하는 것이다.[56] 하지만 봄이면 도시 거주자들을 기쁘게 해 주는 이 현상이 식물들에게는 문제가 될 수 있다. 나무들은 일찍 달리기 시작한 꽃봉오리 때문에 변덕스러운 기온 변화에 취약해진다. 꽃샘추위에 봉오리가 한 번 얼어 버리면 다시 맺을 수가 없기 때문이다. 인공조명의 영향으로 오랫동안 잎이 달려 있거나 심지어는 새로 나기까지 한다면 가을이 왔을 때 추위에 대한 나무의 저항력이 낮아진다.

인공 조명에서 좀 떨어져 간접으로 영향을 받는 도시의 나무들도 기기로 측정되는 것보다 훨씬 많은 빛에 노출되어 있다. 바닥에서 가로등의 조명도를 측정하면 밝기는 2~70럭스 사이다. 하지만 가로등 머리와 나란한 높이의 나무 꼭대기에서는 5,000럭스도 거뜬히 나온다. 하루 종일 한낮과 같은 상태에 놓여 있는 셈이다. 그렇게 나무들은 계절을 정확하게 파악하는 능력을 상실하고, 이는 식물의 생존에 불리하게 작용한다.

식물은 우리의 도시와 주거지에서 포기할 수 없는 요소다. 그들은 여름에 기온을 낮추고, 매연을 정화하고, 우리의 도시 풍경을 풍성하게 만들어 사람들의 행복감에 엄청난 기여를 한다. 우리 인간들은 식물이 없다면 도시의 삶을 견딜 수 없을지도 모른다. 우리는 식물들이 이 도시에서 번성하려면 무엇이 필요한지를 도시 계획 단계에서 고려해야만 한다. 그리고 그 필요에는 밤의 어둠이 포함돼야 한다.

리즈 퍼킨Liz Perkin은 얼음장처럼 차가운 시냇물을 거슬러 올라갔다. 너무 추워서 숨이 멈출 지경이었다. 지금은 밤이고 그녀는 혼자서 오리건주 한 숲에 와 있다. 그녀와 함께 물속에 있는 수많은 벌레를 차치한다면, 그녀는 혼자가 맞다.

그녀는 바위 사이에 조심스레 그물을 고정했다. 이 생태학자는 하루살이와 강도래의 유충이 잡히길 기대하며 그물을 널었다. 유충들은 낮에는 돌 사이에 앉았다가 밤에는 새로운 목초지 쪽으로 강을 따라 흘러간다. 그들이 식물의 썩은 찌꺼기들을 먹는 덕분에 시냇물이 깨끗하게 유지된다. 유충들은 하루이틀 후면 날개를 지닌 곤충이 되어 그 물을 떠날 것이다. 그리고 달빛 아래에서 춤을 추거나 어떤 가로등 아래에서 죽음을 맞이할 것이다.

먹이사슬에 난 구멍

수생 곤충의 유충은 먹이사슬의 중요한 구성 요소다. 그들은 과도한 조류 성장을 억제하고, 낙엽을 분해해 미생물의 영양분으로 만든다. 그들은 하천 구간의 환경에 어떤 변화가 생기면 물길을 따라 하류로 떠내려간다. 이러한 이동은 주로 밤에 일어난다. 어둠이 유충을 물고기들의 위협으로부터 보호하기 때문이다. 벌레들이 보름달이 뜬 밤에는 거의 이동하지 않는다는 것은 이미 오래전부터 잘 알려진 사실이다.

리즈 퍼킨은 혹시 인공조명도 이러한 이동에 영향을 미치는 지를 알아보고자 했다. 그래서 캐나다의 하천에 야간 조명을 비추었더니 정말로 이동하는 곤충들의 숫자가 감소했다.[57] 다른 동물들의 입장에서 그들은 가장 중요한 영양 공급원이다. 유충 상태에서는 다른 곤충들과 물고기들의 먹이가 되고, 성체 상태에서는 박쥐와 조류, 파충류의 먹이가 된다. 그래서 유충의 숫자 변화는 하천 생태계 전반에 영향을 미친다. 하지만 적어도 하루살이 유충은 늘어난 빛 공해에 적응한 것으로 보이기도 한다. 도시 인근 하천에서 굉장히 밝은 빛을 받은 개체들도 자연 그대로의 어두운 물속 개체들과 다름없는 이동을 보였기 때문이다.

베를린에서는 리즈 퍼킨의 동료이자 IGB 연구원인 알레산드로 만프린Alessandro Manfrin이 베스트하벨란트 별빛공원의 가로수 들판 조명이 하천의 곤충 개체군에 미치는 영향을 연구했다. 언뜻 그 결과는 긍정적으로 보였다. 초기에는 조명을 비춘 하천에서 그렇지 않은 하천보다 두 배나 더 많은 곤충이 부화했다.[58] 하지만 그들 중 대다수가 후손을 잇는 대신 조명 아래에서 생을 마감했다. 지표면에 사는 거미와 딱정벌레도 불빛을 즐기다가 그 자리에서 죽어 갔다.

거미가 조명 아래에서 갑절로 많이 나타나는 것은 새로운 일이 아니다. 박쥐와 도마뱀과 마찬가지로 거미도 그곳에서 방향을 잃은 벌레들을 거미줄로 잡거나, 지쳐서 바닥에 내려앉은 먹잇감을 노린다. 호주 정원에서 흔히 볼 수 있는 왕거밋과 개체들은 야간 조명 아래에서 더 빨리 자라고 더 일찍 번식을 한다. 하지만 장점은 그게 끝이다. 서둘러 자란 성체는 일반 개체보다 작고, 거기서 부화한 새끼 거미들이 살아남는 확률도 낮다.[59] 함부르크 항구에서 관찰된 거미들 중에서도 좋은 먹이 환경 덕에 빨리 성장한 개체들의 수명은 오히려 줄어든 것으로 나타났다.[60]

　무엇보다 만프린의 연구에서 주목할 점은, 실험용 조명 아래에서 몇몇 종들은 사라진 반면 새로운 거미종이 서식한다는 사실이었다. 종 구성에 변화가 생긴 것이다. 모든 거미가 다 빛을 사랑하는 것은 아니다. 'Zygiella'란 이름의 거미는 어두운 곳에만 집을 짓는다. 그래서 밝은 곳에 거미줄을 친 경쟁자들에 비해 날아다니는 먹이를 잡기에 불리하다.[61] 하지만 빛에 대한 성향이 항상 고정돼 있는 것은 아니다. 별무늬꼬마거미는 유럽 도시의 수많은 역사적 건축물에서 발견된다. 하지만 같은 종이라도 농촌에 사는 친구들은 어둠을 선호한다.[62]

　이제 다시 물로 돌아가자. 가로등 들판에서 부화한 곤충들은 원래 가로등 아래에서 생을 마쳐선 안 됐다. 그들은 물로 돌아가 거기서 알을 낳고 다른 물고기들의 먹이가 돼야 했다. 하지만 강변 조명 덕분에 물고기들은 배를 채우지 못하게 됐다. 알이 적다는 것은 곧 유충도 적다는 것을 뜻하기 때문이다. 연구원들은 그 이듬해에 부화하는 곤충의 수가 줄어들었는지는 알아내지 못했다. 하지만 그들은 빛의 부정적인 작용 때문에 수생 먹이사슬에 뚫린 구멍을 하나 더 발견했다. 그것은 바로 플랑크톤이었다.

수면의 식물성 플랑크톤은 먹이사슬의 시작점이다. 그들은 광합성을 통해 태양 에너지를 탄소로 바꾼다. 낮 동안은 성장하고 증가한다. 하지만 해가 지면 그들은 사냥감이 된다. 하천 심층부에 잠자고 있던 동물성 플랑크톤이 어둠의 비호를 받으며 올라와 식물성 플랑크톤을 먹어 치운다. 동물성 플랑크톤은 아침이 밝으면 다시 심층부로 내려가 곤충류와 갑각류와 어류의 먹이가 된다. 이 순환은 하천 표면에서 빛에 의해 만들어진 영양분을 심층부로 이송하는 데 매우 중요하다.

당연히 보름달이 뜬 밤에는 해조류 사냥꾼들이 하천 심층부에서 올라오지 않는다. 보름달이 뜨지 않은 밤에도 도시의 빛 뚜껑에서 뻗어 나온 불빛이 비치면 동물성 플랑크톤의 상승이 억제된다. 그 결과, 하천 표면에는 해조류가 과잉 분포하고 심층부에는 영양분 부족 사태가 벌어진다.[63]

매일 밤 호수에서 일어나는 일은 바다에서도 똑같이 발생한다. 단, 스케일은 더 크다. 어두워지면 작은 해파리, 산호 유충, 새끼 가재, 올챙이 등이 심해에서 바다 표면으로 올라온다. 동물성 플랑크톤이 여정을 시작할 때 빛이 결정적 역할을 한다는 것은 명백한 사실이다. 2016년 여름, 한 연구팀은 동물성 플랑크톤을 위협하여 쫓아내기에 충분한 빛의 양을 알아내기 위해 북극으로 향했다. 보름달이나 극광*이 비치면 동물성 플랑크톤이 심해에 머무른다는 사실은 이미 오래전에 밝혀졌다. 그렇다면 배에서 비치는 조명 아래에서도 그런 현상이 일어날까?

대답은 '그렇다'였다. 헤드램프의 불빛만 있어도 동물성 플랑크톤을 보트 곁에서 쫓아 버리기에 충분했다. 그 효과는 중심에서 180미터, 수심 80미터까지 관찰되었다.[64]

이 지점에서 당신은 밤에 대양을 오가는 헤드램프들이 얼마나 많은지 궁금해질 것이다. 숫자는 그렇게 많지 않다. 대부분의 선박에 강력한 투광 조명등이 장착돼 있기 때문이다. 2018년 11월 21일 우주 비행사인 알렉산더 게르스트Alexander Gerst는 트위터에 이러한 글을 남겼다. "인류가 우주로 발산하는 가장 밝은 빛이 선단에서 나온다니, 기괴하지 않은가?"

실제로 어선은 엄청나게 밝은 빛을 비춘다. 빛으로 물고기 떼를 유인하기 위해서다. 큰 물고기들도 빛이 비치면 기꺼이 그 아래로 모여든다. 그들도 환하면 사냥이 수월하다는 것을 알기 때문이다. 아직까지 조명을 이용한 고기잡이에는 규제가 거의 없다. 몇몇 아시아 국가들은 에너지를 절약하기 위해 조명 사용을 제한하려 애쓴다. 하지만 방출되는 빛의 양을 의식한 규제는 아니다. IGB의 담수 생태학자인 프란츠 횔커Franz

---

* 주로 극지방에서 초고층 대기 중에 나타나는 발광 현상. 빨강, 파랑, 노랑, 연두, 분홍 등의 색채를 보인다.

Hölker는 이런 상황을 염려하고 있다. 선단은 매우 밝은 빛을 비출 뿐 아니라 넓은 범위의 구간에 빛을 발산한다. 게다가 이 방법으로 고기를 잡으면 전통적 어업 방식보다 훨씬 많은 양을 잡을 수 있어 전체 개체 수가 심각하게 줄어든다. 반면, 산업화되지 못한 지역의 어부들은 이들과 조명 경쟁조차 할 수 없다. 조명을 이용한 어업은 지금까지는 거의 고려되지 않았던 방식으로 대양의 먹이사슬을 위협할 수 있다.

육지에서 포기할 수 없는 먹이사슬의 구성 요소는 식물이다. 작은 벌레부터 몇 톤짜리 코끼리에 이르기까지, 모두가 식물을 필요로 한다. 그리고 우리가 섭취하는 영양분에서도 식물이 큰 부분을 차지한다. 앞서 우리는 가로등이 도시 나무들의 리듬을 헝클어 놓았다는 사실을 확인했다. 하지만 빛이 식물에 도움을 주는 면도 있다. 광합성에서 빛은 에너지를 뜻하기 때문이다. 빛이 없다면 성장도, 열매도, 생명도 없다. 비닐하우스에서는 수확량을 늘리기 위해 밤늦게까지 불을 밝힌다. 그렇다면 빛은 많을수록 좋은 걸까?

IGB의 알레산드로 만프린과 마야 그루비지크Maja Grubisic는 20럭스의 가로등 불빛 아래에서 식물성 플랑크톤에게 어떤 일이 일어나는지를 연구했다. 그들이 연구에서 주목한 것은 부착 생물periphyton, 즉 둥둥 떠다니지 않고 돌이나 진흙 더미에 정착해서 자라는 플랑크톤이었다. 그 결과는 놀라웠다. 부착 생물은 더 잘 자라는 대신 전체 양은 오히려 줄어들었다.

연구자들은 이 현상 뒤에 무엇이 숨겨져 있는지를 확실히 밝혀내지 못했다. 하지만 마야 그루비지크는 다음과 같이 추측했다. "광합성으로 에너지가 만들어지는 것은 사실이다. 그런데 그 빛이 너무 적으면 광합성을 하는 과정에서 소비하는 에너지가 생성되는 것보다 많다. 그 결과, 식물성 플랑크톤은 광합성을 하면서도 굶어 죽는다. 게다가 이유가 분명히 밝혀지진 않았지만 가로등의 희미한 빛은 식물성 플랑크톤의 엽록소를 감소시킬 수도 있다."65

마야 그루비지크는 희미한 빛 아래에서 이뤄지는 광합성에 관한 연구를 계속할 생각이다. 이 분야에는 해조류와 관계된 부분 외에도 여전히 해명되지 못한 구멍이 많기 때문이다. "빛 공해를 주제로 한 연구에서 식물은 물론 담수도 고려 대상이 된 적이 거의 없다."

인공조명에 의해 혼란을 일으키는 것은 플랑크톤만이 아니다. 재배 식물도 영향을 받는다. 연구에 따르면 나트륨증기등 아래에서는 옥수수나무가 더 빨리 자라기는 하지만 꽃이 맺히지 않았고 속대도 만들어지지 않았다.66 미국 일리노이주에서는 나트륨증기등이 켜진 도로 옆에서 자란 콩이 꽃을 7주나 늦게 맺었고 열매도 적게 맺었다.67

들벌노랑이에도 주황색 빛을 비추면 꽃이 덜 맺혔다. 우리의 식탁에 오르는 열매는 아니지만 진딧물에는 중요한 먹이다. 그리고 실제로 그 꽃이 줄어들자 진딧물의 수도 줄어드는 게 확인되었다.[68] 정원사들에게는 반가운 소식일지 몰라도, 생태학자들에게는 불안한 소식이다. 엑서터대학교의 조나단 베니 Jonathan Bennie와 케빈 게스턴Kevin Geston은 광범위한 현장 실험을 통해 빛으로 촉발된 과정이 먹이사슬의 단계마다 정확하게 어떤 변화를 일으키는지, 결국에는 큰 동물들에게 어떤 영향을 미치는지를 관찰했다.

빛이 식물의 광합성을 어떤 식으로 방해하는 걸까? 광합성을 구성하는 근본적인 요소는 엽록소, 즉 400~500나노미터 사이의 청색광과 600~700나노미터 사이의 적색광을 흡수하는 색소다. 예전에는 도시의 식물들이 밤마다 주로 나트륨증기등의 적색광을 흡수했다. 식물들에게는 백색 수은증기등은 별쓸모가 없는 빛이었다. 그런데 요즘 대규모로 활용되는 주백색과 주광색 LED는 일반적인 강도에서 청색광을 발산한다.

식물들은 이 빛을 화학 분자의 형태인 에너지로 저장한다. 어두워지면 이 에너지는 이산화탄소를 포도당과 같은 탄소로 변환하는 데 사용된다. 이 과정에서 산소가 생성된다. 또한 어둠 속에서 엽록소는 스스로 재생되어 새로운 빛을 받아들일 수 있게 된다.

서울시립대학교의 우수영 교수가 이끄는 연구팀은 한국에서 가로수로 흔히 쓰이는 노란 포플러에 하루 최대 13시간씩 나트륨증기등 불빛을 비추는 실험을 했다. 빛을 받은 이파리들은 초록색을 잃었고 불에 탄 것처럼 말라붙었으며, 빛을 받지 않은 이파리들보다 빨리 시들었다. 우수영 교수는 이 상황을 매우 간략하게 다음과 같이 설명했다. "나무가 너무 오랫동안 광합성을 하다 보니 엽록소가 재생될 시간이 사라졌다. 그 결과 세포를 파괴하는 활성 산소가 생겨났다. 식물들이 번아웃에 빠진 것이다."[69]

동물들과 마찬가지로 식물들도 휴식 시간이 필요하다. 식물들이 어떻게 자는지 그리고 수면 부족이 식물들에게 어떤 영향을 미치는지에 관한 의문은 여전히 풀리지 않은 채 남아 있다. 우리는 몇몇 나무들을 통해 식물도 잔다는 사실을 알게 되었을 뿐이다. 그리고 확실한 사실은 도시 나무들이 시골의 같은 종들에 비해 수명이 확실히 짧다는 것이다. 학자들은 가로수의 수명 단축에 영향을 미치는 요소는 다양하다고 말한다. 특히 도로변에 서 있는 나무가 겪어야 하는 매연, 기온 증가, 포장된 지면 등은 나무의 삶을 힘겹게 하는 스트레스 요소들이다. 그리고 도시 환경을 조절하는 데 중요한 역할을 하는 이 생명체에 또 다른 스트레스를 더하는 것이 인공조명이다.

새벽 다섯 시. 우리는 어둠이 깔린 슈테홀린 호수 앞에 서 있었다. 아무 소리도 들리지 않았다. 어부의 낡은 오두막에 켜진 붉은 전등 몇 개만 아스라이 보일 뿐이었다. IGB의 호수 실험실 연구원들은 오전 교대를 준비하고 있었다.

우리는 보트에 올라 헤드램프를 끄고 호수 중간으로 나아갔다. 여기서도 나는 실험실의 가녀린 불빛을 알아볼 수 있었다. 그것은 마치 물 위를 날아다니는 반딧불이처럼 어울리지 않았다. 배가 도착해 부교에 오르자 마치 다른 세계에 온 듯 느껴졌다.

커다란 플라스틱 양동이와 유리 물병이 배분되고, 호스와 그물이 배치됐다. 그 와중에도 우리는 끊임없이 떠들었다. 그러다 보면 헤드램프에서 나온 붉은 광선이 이곳저곳을 떠돌다가 다른 사람 웃옷에 달린 야광 밴드에 부딪쳐 번쩍대기도 했다.

나는 마티아스가 20미터 깊이의 실험용 대형 실린더에 기다란 호스를 집어넣고 수중 실험을 하는 광경을 지켜보았다. 다른 팀은 미생물 사진을 찍기 위해 대형 카메라를 물속에 집어넣었다. 마치 SF 영화 속 한 장면 같지만 이 일들은 세계 최대 담수 생태 연구실에서 일하는 연구원들의 하루 일과다.

야간 서식지를 보호해야 하는 이유

IGB의 프란츠 휠커는 경고한다. "우리는 밤에 대해서도 곰곰이 생각해야 한다. 모든 연구와 그 결과가 적용된 경관 보호가 주간의 생태계에 집중한다. 하지만 아쉽게도 야간의 생태계는 독자적 연구 분야나 특별한 보호 대상으로 인정받는 일이 드물다."

2006년 캐서린 리치Catherine Rich와 트래비스 롱코어는 빛 공해에 관한 생태적 지식을 집대성한 책을 발간하며 다음과 같은 의문을 제기했다. "어느 날 아침 우리가 잠에서 깨어 지난 30년간 자연 보호를 위해 기울인 우리의 노력이 절반의 진실에 관한 것, 즉 낮에 관한 것에 불과하다는 사실을 깨닫는다면 어떨까?"[70] 그때부터 빛 공해의 위험은 과소평가되었음을 알 수 있다. 하지만 그 후로도 이뤄진 것은 많지 않다. IGB는 빛 공해에 관한 대규모 연구를 중점으로 하는 몇 안 되는 연구 기관 중 하나다. IGB는 슈테흘린의 호수 실험실과 베스트하벨란트의 별빛공원에서 가로수 들판을 운영하며 인공조명이 야간의 생태계에 미치는 영향을 연구한다. 비슷한 기관으로는 영국 엑서터대학교와 네덜란드 바헤닝언대학교 정도가 있다.

비록 우리는 이제 막 이러한 연구들에 대해 알게 되었지만 거의 모든 동식물이 빛 공해의 부정적 영향을 받는 당사자란 사실을 깨달았다. 연구자들은 계속해서 야간 조명과 연관된 새로운 문제점들을 찾아내고 있다. 그간 야간 연구자들이 얻은 몇 가지 통찰은 풀리지 않았던 질문들에 답을 주고, 중요한 문제에 대한 접근법을 제시한다. 예를 들면, 마야 그루비지크는 빛 공해가 이미 살충제 사용의 증가와 먹이가 될 식물의 감소로 생활 공간을 위협받는 곤충들에게 또 하나의 시련이 되었다고 말한다.

빛 공해는 부지불식간에 그 강도가 매년 2~6퍼센트씩 증가하는 위험이다. 밤의 상실은 모든 생태계에 영향을 미친다. 도시를 뒤덮은 빛 뚜껑은 수백 킬로미터 밖에서도 보일 정도고, 불을 밝힌 도시와 산업 단지는 동물들의 이동 경로를 막고 서 있다. 심지어는 항상 어둡기만 했던 심해에서도 우리는 빛의 영향에 의한 초기적 변화를 관찰할 수 있었다. 적극적으로 나설 때가 온 것이다. 그런데 이 문제를 해결할 방법이 있기는 한 걸까?

당신도 읽었다시피 이 문제에서 명백히 중요한 역할을 하는 것은 빛의 스펙트럼이다. 색온도가 높을수록 대부분의 동물을 유인하는 힘 또한 커진다.[71] 색온도가 높다는 것은 거의 모든 동물 종의 일주기 리듬에 영향을 미치는 청색광 비율이 높다는 뜻이므로 당연한 현상이다. 4,000켈빈가량의 조명은 동물들이 방향을 정하고 번식을 하는 데 중요한 기능을 하는 달빛과 유사하다. 많은 학자가 조명에서 청색광의 비중을 줄이라고 간청하는 이유가 여기에 있다.

그러나 현재 우리 도시의 조명은 정반대 방향으로 나아가고 있다. 조명을 선택하는 주된 기준은 에너지 효율이다. LED의 색온도가 높을수록 광원으로서 에너지 효율이 높아진다. 그래서 4,000켈빈 LED가 광범위하게 확산되었다. 빛이 늘어나면 더 안전하리란 가정 아래 LED 하나하나가 소모하는 에너지를 절약하자는 목소리는 묵살되고, 더 많은 조명과 더 많은 광원이 설치되고 있다. 많은 사람이 빛 자체가 마치 발전의 상징인 양 당연하게 받아들인다. 재생 에너지로 밝혀지는 전등이라면 환경에도 중립적이라고 생각한다.

하지만 우리는 분명히 알아야 한다. 빛은 중립적이지 않으며, 결코 가벼이 여겨져선 안 된다. 태양광 램프도 자원을 소모한다. 조명의 증가가 우리의 생태계를 근본적으로 바꾸고 있으며 그 여파가 지금까지 예측조차 할 수 없는 규모라고 추정할 만한 근거가 수많은 연구 결과를 통해 제시되고 있다.

상황을 개선하는 길은 간단하다. 최근 들어 몇몇 장소에서 철새 이동 기간에는 야간 조명과 고층 건물 실외 조명을 포기하자 종 보호에 괄목할 만한 성과가 나타났다. 이러한 실천은 널리 확산돼야 한다. 빛이 필요한 곳에는 청색광 비율이 낮은 따뜻한 색의 조명을 설치해야 한다. 에너지 효율이 낮은 전구색이나 앰버 LED를 더 많이 사용해서 4,000켈빈 LED에 필적할 만큼의 빛을 내면, 환경에 미치는 악영향이 야간 자연을 보호하는 이점을 능가하게 된다. 동식물의 세계와 전체 환경을 보호하는 최상의 선택지는 야간 조명을 대폭 감소하는 것이다.

크리스티안 포크트는 말했다. "인간의 생태적 지위ecological niche는 낮다. 그래서 우리는 밤의 생태적 지위를 우리의 욕구에 끼워 맞추었다." 많은 생명체의 터전인 밤은 우리가 열대 우림에 기울이는 것과 다름없는 관심과 보호 노력을 필요로 한다. 빛 공해의 부정적 영향은 대기 오염, 기후 변화, 미세 플라스틱 등의 문제와 달리 금방 없앨 수도 있다. 전등 스위치만 딸깍 내리면 된다. 우리의 생태계는 조명 아래에서 변해 가고 있다. 생태적 책임을 의식한 조명 개념이 절실히 요구된다.

4부

규제와 갈등

사례1. 어떤 주택관리회사는 건물을 미화할 필요가 있다고 판단했다. 그들은 현대적 조명을 설치하면 전반적인 안정감을 고조시켜서 주민들이 집을 더 안전하게 느낄 것으로 판단했다. 그렇게 베를린 메르키셰의 주택가 한두 곳에 실외 조명이 설치되었다.

하지만 사업을 도모한 사람들의 기대와 달리 주민들은 불빛을 달갑게 여기지 않았다. 빛이 거실과 침실, 아이들 방에 곧장 비쳤기 때문이다. 그들은 회사 측에 저녁 8시부터는 조명도를 낮추고 10시에는 아예 끄라고 요구했다. 주택관리회사는 주민들의 요구를 이해할 수 없었다. 그들이 의뢰한 감정 결과에서는 주민들이 조명에 객관적인 방해를 받지 않는 것으로 나타났기 때문이다. 그러나 반대 서명이나 페이스북 게시글로 드러난 주민들의 의견은 전혀 달랐다.

그들은 구 의회에 진정서까지 제출했다. 의원들은 주민들의 불만에 공감을 표했다. "광고 효과를 내는 야간 실루엣을 조성하기 위해 주민들을 이러한 스트레스에 노출시켜선 안 된다." 기독민주연합CDU 소속 의원인 슈테판 슈미트Stephan Schmidt는 일간지 〈타게스슈피겔Tagesspiegel〉 인터뷰에서 이렇게 말했다. 그 외에도 여러 의원이 그런 조명 효과가 주택가에 적당치 않다는 데 의견을 같이 했다.

사례2. 뢴에 사는 안톤 지페르트Anton Siefert는 블라인드를 거의 사용하지 않았다. 그의 침실에서는 드넓은 들판 너머로 동네 교회와 오래된 헛간만 보일 뿐이었다. 하지만 최근 들어 그는 밤이면 블라인드를 깊이 내린다. 1킬로미터가량 떨어진 곳에 빵과 소시지를 만드는 공장이 들어서면서부터다. 거기서는 이른 아침부터 늦은 저녁까지 상품들을 실어 나른다. 새벽 3, 4시면 공장 앞마당에 불이 켜져서 밤 10시까지 환하게 밝혀져 있기 일쑤다. 그러면 조명 두 개에서 뻗어 나온 불빛이 그의 침실을 환히 비춘다.

지페르트는 잠드는 데는 문제가 없다고 말했다. 그리고 이렇게 덧붙였다. "대신 3, 4시면 잠에서 깹니다. 그때쯤이면 빛이 창문으로 환하게 비치거든요." 짜증나는 일이 아닐 수 없다. 옆집 사람은 집 앞에 선 큰 나무가 빛을 막아 준 덕분에 아무 영향을 받지 않는다.

독일 자연과 생물 다양성 보존 연합NABU의 회원인 지페르트는 같은 지역에 사는 동물들도 염려한다. 교회와 헛간에는 올빼미와 박쥐가 산다. 예전에는 교회도 매일 밤 불을 밝혔지만 이제는 주말에만 몇 시간씩 불을 켤 뿐이다. 올빼미들이 한두 해 전에 교회에서 헛간으로 거처를 옮겼는데 지금은 헛간에서도 자취를 감췄다. 빵 공장 빛이 그 이유라고 확신할 수는 없지만 그렇게 생각될 때가 많다.

지페르트는 지역 관청에 이 문제를 해결해 달라고 요청했다. 그들은 자신들의 소관이 아니라며 그의 요청을 자연 보호 부서

로 이관했다. 하지만 그곳 공무원들도 책임감 있게 일을 처리
하지 않았다. 결국 그는 별빛공원의 자비네 프랑크Sabine Frank
에게 도움을 구했다. 그녀는 공장과 연락했고, 공장은 문제를
수용해서 조명을 새로 설치했다. 그곳 담당자는 빛으로 인한
피해가 또 다시 생기면 지페르트가 직접 연락하라고, 그러면
좀 더 빨리 문제를 해결할 수 있을 거라고 말했다.

빛이 있는 곳에 갈등도 있다

오늘날까지 서양 문화권에서 빛이란 주제는 지극히 긍정적인
방향에서만 받아들여진다. 빛은 통찰과 계몽, 순수의 표상이자
거룩함과 정의의 상징이다. 반면 어둠은 공포, 범죄, 무지와 연
결된다. 자신의 부유함과 세련됨을 드러내고자 하는 사람은 자
신의 소유물을 '좋은 빛으로' 비춘다. 인공조명 없이 어둡게 사
는 사람은 시대에 뒤떨어진 것으로, 사회 발전에서 탈락하고
발전을 거부한 것으로 여겨진다.

　하지만 앞에서 말한 두 가지 사례는 빛이 문제도 일으킬 수
있음을 보여 준다. 너무 밝으면 서로 다른 이해관계를 따르는
행위자들 간 갈등이 생긴다. 최신형 가로등의 더 밝은 빛이 누
군가에게는 안정감을 높여 주지만, 다른 누군가에게는 밤의 휴
식을 방해한다. 어떤 사람은 마을 교회의 조명으로 공동체를
좋은 이미지로 포장할 수 있다고 생각하지만, 이미지보다는 박

쥐와 별빛 하늘 그리고 에너지 소비를 더 걱정하는 사람도 있다. 빛이 있는 곳에 갈등도 있다. 이러한 갈등을 푸는 것은 쉬운 일이 아니다.

사람들이 소음으로 방해를 받는다고 느끼거나 화학 물질로부터 유해한 영향을 받는다고 생각할 때 대부분의 경우 얼마나 수용 가능한지 언제부터 제재해야 하는지에 관한 노출 한계 값과 시간 규정이 정해져 있다. 이웃집에서 꼭두새벽까지 시끄러운 음악을 틀 때 몇 번 얘기해도 통하지 않으면 경찰의 도움으로 문제를 해결할 수 있다. 그것은 명백한 야간 휴식 방해 행위로 처리되기 때문이다. 하지만 빛 공해의 경우는 그와 다르다. 거의 모두가 빛을 긍정적으로 받아들이기 때문에 빛을 위해서라면 야간 휴식과 자연 보호는 포기해도 되거나 적어도 양보해야 된다는 공감대가 형성돼 있다.

빛 자체가 환경에 부담이 된다는 생각은 이제 막 서서히 자리를 잡는 중이다. 하지만 야간 조명이 생태에 그리고 건강에 미치는 영향에 대한 연구에는 한계 값이 빠져 있다. 한계 값이 정해져야 그것을 바탕으로 조명에 대한 표준을 마련할 수 있다. 빛에 대한 욕구가 서로 다른 사람들 사이에서 갈등이 발생했을 때 무엇보다 필요한 것은 기준이다.

관련 주제를 다룬 신문 기사 댓글을 읽다 보면 이 사안에 대한 몰이해를 넘어 분노마저 드러내는 독자들을 발견할 수 있다. 어떤 사람은 "조명 스위치를 끄자는 것은 중세로 돌아가자는 것"이라고 주장한다. 하지만 야간 조명을 끄는 것에 관해 토론하면 우리는 그 결과로 사고 건수와 범죄율이 증가해 무엇보다 여성이 위험에 처할 것이란 주장에 자연스레 이끌리게 된다. 심지어 내 동료 중 하나는 빛 공해에 대한 강연을 하던 도중, 강간범과 강도단에 협력하고 시민들의 안전은 간과한다는 비난을 받은 적도 있다. 빛은 정서적으로 예민한 주제다.

이처럼 빛 공해 차단에 회의적인 사람들이 있는가 하면, 메르키셰 주민들이나 안톤 지페르트처럼 야간 조명으로 고통을 받는 사람들도 있다. 개인의 안녕이 위태로운데도 지역 관청과 입법자들이 내리는 결정에는 조명에 영향을 받는 당사자들에 대한 이해가 결핍돼 있다. 그들은 가해자들의 무엇을 제재해야 하는지 모를 때가 많다. 빛 공해에 대한 강연을 하면 사람들이 내게 와서 이웃집 조명이나 새로운 가로등이 거슬린다고 이야기한다. 그리고 이렇게 덧붙이곤 한다. "나도 내가 너무 예민하다는 것을 알지만 그래도 달리 어떻게 해야 할지 모르겠어요."

많은 피해자가 거슬리는 빛에 대항하는 것을 부끄러워한다. 자신들에게 정당성이 없다고 생각하기 때문이다. 실제로 이 일에서 피해자가 주도권을 잡는 것이 쉬운 일은 아니다. 빵 공장 조명이 침실까지 밝혔던 안톤 지페르트도 그 문제를 직접 공장과 말하거나 이웃과 이야기한 적이 없었다. "그런 이야기를 이웃에 하는 사람은 도깨비 취급을 당할 겁니다." 뢴에 사는 지페르트는 별빛공원 관리소와 상담할 수 있었지만 누구나 주변에 그런 기관이 있는 것도 아니다. 빛 공해의 경우 담당 기관이 어디인지 명확하지 않을 때도 많다. 뮌스터대학교 법학과의 베네딕트 허긴스Benedikt Huggins는 독일의 주마다 빛 공해 담당 기관이 다르다고 말한다.

그렇다면 빛이 방해가 될 때, 우리는 어떻게 해야 할까? 일반적으로는 소음으로 피해를 볼 때처럼 먼저 원인 제공자와 대화를 나눠야 한다. 많은 사람이 자기 집이나 마당의 조명이 다른 사람들에게 스트레스가 될 수 있다는 사실을 인지조차 하지 못하고 있다. 그러므로 피해를 알려야 원인 제공자가 시정을 하거나 절충안을 마련할 수 있다. 대화할 때는 전등에 갓을 씌운다거나 동작 감지기를 설치한다는 등 양자 간의 요구를 절충할 몇 가지 제안을 준비해 가면 좋다.

하지만 조명을 시정해 달라는 요청에 항상 화답이 돌아오는 것은 아니다. 많은 사람이 주택 조명은 안전을 위해 꼭 필요하다고 생각한다. 경찰이 강도 예방을 위해 조명 설치를 권했다고 주장하는 경우도 많다. 어떤 사람들은 자기가 낙상을 입지 않으려고 불을 밝히고, 밤에 열쇠 구멍을 찾으려고 조명을 단다.

당신은 어둠 속에서 자고 싶은 욕구와 마찬가지로 다른 사람들의 이런 생각들도 진지하게 받아들여야 한다. 이웃을 설득시키려면 빛이 할 수 있는 역할은 무엇이며, 빛이 밝으면 더 안전하다는 가정이 어떤 점에서 과학적으로 반박되는지에 관해 가능한 한 객관적으로 말해야 한다. 도움이 될 만한 참고 자료를 갖고 가는 것도 좋다.

불행히도 상대가 타협할 준비가 되어 있지 않을 때도 있다. 그런 사람들은 근본적으로 모든 사람에게 자기 소유지에서 원하는 것을 할 권리가 있다고 말할 것이다. 대화에서 양자가 만족할 만한 합의에 이르지 못하고 지역 관청에서도 조치를 취하지 못하거나 혹은 취할 생각이 없다면, 마지막 남은 수단은 소송뿐이다.

빛과 관련한 구체적인 법 조항은 그리 많지 않다. 재판에 들어가면 판사가 양자의 욕구를 저울질할 것이다. 독일 민법 903조에 따르면 한 개인에게는 자기 소유물을 사용하고 꾸밀 방대한 자유가 허락된다. 1004조도 자기 소유물을 사용할 때 다른 사람의 영향을 받지 않을 권리를 적시한다. 그렇다면 내 집 마당 한편이나 발코니 혹은 방이 다른 사람이 켠 불빛으로 환해진 것도 일종의 영향이라고 주장할 수 있다. 더불어 연방배출법 3조에 규정된 배출 대상 목록에 빛이 포함된 것도 소송을 유리하게 이끄는 데 도움이 된다.

재판부는 어느 쪽의 이해관계가 더 중요한지를 저울질해야 한다. 그 과정에서 빛이 얼마나 오랫동안 밝혀지며, 그 빛이 정확히 어디에 떨어지는가와 같은 요소들이 중요한 잣대가 될 것이다. LAI는 이와 관련해 침실로 들어오는 빛의 한계 값을 정했다. 그에 따르면, 주거지에서 침실 창문에 비치는 빛의 밝기는 보름달의 4배가량인 0.1럭스를 넘어선 안 된다.

단, 한 줄기 밝은 빛이 심리적 눈부심을 유발할 경우에는 전체 밝기가 그보다 어둡더라도 스트레스 유발 요인으로 인정될 수 있다. 이런 재판에서는 종종 고소인이 빛에 얼마나 민감한지가 고려되기도 한다. 어느 정도의 빛이 수용 가능하며 어떤 보호책이 강구될 수 있을지에 관한 해석은 사례마다 확연하게 다르다.

2003년 지거란트에서는 한 사람이 자신의 토지 사용에 영향을 준다면서 40와트 백열등 밝기에 해당하는 에너지 절약형 조명을 사용하는 이웃을 상대로 소송을 걸었다.1 지겐 지방 법원은 고소인의 불만에 공감할 수 없다는 이유로 소송을 기각했다. 고소인의 설득력이 타인에게 어둡게 살 것을 요구할 만큼 충분치 않았던 데다가 피고소인은 교통안전 의무에 따라 조명을 켠 것이었다. 고소인의 권리보다는 자기 소유지에서 조명을 결정할 수 있는 피고소인의 권리가 더 크게 인정되었다. 법원은 고소인이 불편하다고 느낀다면 상록수를 심어 빛을 막을 울타리를 만들라고 했다.

2018년 카를스루에의 상급 법원 역시 빛에 대한 욕구를 어두운 밤에 대한 소망보다 높게 평가해서 테라스와 침실로 들어오는 교회 탑의 불빛을 주민이 참아야 한다고 결정했다.2 침실은 암막 커튼으로 보호할 수 있다는 설명이 덧붙여졌다.

반면, 2001년 비스바덴의 주 법원은 고소인의 손을 들어주었다.3 안전상의 이유로 밤새도록 현관문을 밝힌 40와트 백열등이 소송 대상이었다. 이 백열등은 현관문뿐만이 아니라 소송을 제기한 이웃의 침실까지 밤새 환하게 밝혔다. 그 밝기가 LAI에서 정한 최대치의 3분의 1에 불과해 1심에서 판사는 조명에 전혀 문제가 없다고 판단했다.

하지만 고소인은 항소심에서 이웃집에서 침투한 빛이 아주 예민하지 않은 사람들에게도 수면 장애를 일으킬 수 있는 정도라는 점을 증명해냈다. 이에 항소심 판사들은 온건한 문제 해결을 시도했다. 그들은 건축 자재상을 찾아가 조명을 차단할 만한 방법을 물었다. 그리고 고소인에게 커튼 사용을 제안했다.

그 어느 쪽도 그 제안을 받아들이지 않았다. 마침내 주 법원은 피고소인이 조명을 꺼야 한다는 결정을 내렸다. 블라인드로 빛의 침투를 막을 수 있지만, 그러면 어둡고 공기가 잘 통하는 침실에서 잘 수 있는 고소인의 권리가 제한된다는 이유에서였다. 주 법원은 침실을 옮기는 대안에 관해서도 고소인의 소유권이 심각하게 침해된다고 보았다. 게다가 법원은 이웃집 현관 조명을 불필요한 것으로 판단했다. 현관문은 인접한 가로등으로도 충분히 밝혀졌고 현관문을 밤새 밝힌다고 해서 강도가 예방된다는 증거도 없기 때문이었다. 요즘도 여전히 밤새 불을 밝히는 게 안전하다고 조언하는 경찰이 없진 않다. 하지만 법원은 누군가 집에 있다는 신호를 줘야 할 필요가 있을 경우에만 불을 켜는 것이 좋다고 지적했다. 몇 번의 긍정적 경험에서 비롯된 이 권고는 날이 갈수록 인기를 얻고 있다.

주 법원이 이 사안을 얼마나 진지하게 받아들였는지는 피고소인이 지시를 이행하지 않았을 때 받게 될 처벌에서 드러났다. 판결을 준수하지 않으면 50만 마르크의 벌금이나 금고형에 처한다고 했다. 이 판결은 빛 공해 피해자들에게 희망이 되었다. 하지만 여전히 피해자들은 법적 조치를 주저한다. 무엇보다 현재의 법적 상황에서 승소 가능성이 희박하다고 보는 변호사들이 많기 때문이다.

불행히도 앞으로는 조명에 대한 소송에서 성공할 가능성이 더욱 줄어들 우려마저 있다. 빛에 얼마나 심각한 영향을 받는지를 평가하는 기준은 해당 지역의 일반적인 조명 강도에 따라 정해진다. 이는 LAI가 제시한 빛 방출 규정 기준치에서도 드러난다. 상가 건물과 주택이 섞인 준주거지역에 사는 주민들은 전용주거지역에 사는 사람들보다 더 밝은 빛이 침실에 들어와도 감수해야 한다. 소음 공해와 관련해서도 비슷한 기준이 적용된다. 그런데 거리 조명이 더 밝아졌을 뿐 아니라 상가와 주택에 설치되는 조명 숫자도 늘어나면서 한 지역의 대체적인 밝기가 점점 더 강해지고 있다. 이에 린츠대학교의 환경법연구소는 앞으로는 개인이 인공조명에 대한 보호를 요청하기가 더 어려워지진 않을까 우려한다.

불을 밝힐 권리가 더 자주 인정되는 이유 중 하나는 우리가 빛을 안전과 연결시키기 때문이다. 그 결과 대부분의 집주인이 낙상을 방지하기 위해 대문으로 가는 길에 불을 켠다. 독일 민법 823조와 836조가 규정한 교통안전의 의무 또한 심심찮게 소환된다. 이 조항들은 다른 사람이 피해를 입지 않도록 보호할 의무가 집주인에게 있다고 말한다. 그리고 많은 사람이 집 주변 길을 밤에도 환하게 밝혀서 이 의무를 준수하고자 한다. 하지만 2003년 첼레의 고등 법원은 안전을 위해 지속적으로 불을 밝힐 필요는 없다고 판단했다. 이러한 결정은 한 신문 배달원이 어두운 계단에서 떨어지는 사건을 다루면서 나왔다. 법원은 일반적인 통행 시간 이전과 이후에 켜지는 조명에는 동작 감지기가 달려야 한다고 주장했다. 더불어, 눈이 오는 날도 집 앞 거리에 눈이 쌓이지 않도록 밤새도록 치울 의무는 없다고 판단했다.

한 번 더 짚고 넘어가겠다. 독일에서도, 오스트리아에서도 근본적으로 길에 불을 켤 의무라는 건 존재하지 않는다. 공공 장소는 물론 거리도 의무적으로 조명을 설치해야 하는 건 아니다. 독일 남동부의 바이에른주는 예외지만 그곳에서도 작은 마을들은 거리에 불을 밝히지 않는다.

뢴의 작은 마을 되렌솔츠는 불을 밝힐 의무가 없는 것을 도리어 장점으로 삼았다. 다섯 가구가 사는 이 조용한 마을 한중간으로 국도 하나가 지나간다. 지역 관청의 교통안전 의무를 따르면 주민들이 비용을 들여 국도에 조명을 설치해야 한다. 주민들이 그다지 열광적으로 바라지 않는 것을 설치하기 위해 한 가구당 부담해야 할 비용은 5,000유로에 달했다. 주민 중 한 명인 안드레아스 루터Andreas Luther는 중부독일방송MDR과의 인터뷰에서 자신들은 무작정 조명을 설치하는 대신, 조명이 왜 필요한지 자문하는 편을 택했다고 설명했다. 그의 이웃인 잉어 키르히호프Inge Kirchhoff는 도로보다는 밤하늘을 보는 것이 더 소중하다고 거들었다.

처음에 보험 회사는 마을 주민들에게는 이 사안에 관한 선택권이 없다고 했다. 가로등 설치는 의무라는 말이었다. 하지만 마을 주민들은 보험 회사의 말을 그대로 믿지 않았다. 그들은 뢴 별빛공원의 자비네 프랑크에게 문의했다. 그녀는 보험 회사의 말을 반박할 수 있었다. 가로등은 특별히 위험한 도로에 한해서만 설치가 의무화되었기 때문이다. 되렌솔츠의 국도는 거기에 해당되지 않았다. 이에 보험 회사는 처음에 했던 말을 바로잡았고, 마을은 어둠을 유지할 수 있었다.

그렇다고 모든 지자체가 주민들의 바람을 따르는 것은 아니다. 특히 여럿이 아니라 한 개인이 불편함을 겪을 경우 혹은 이미 조명이 설치된 경우에는 주민의 요청이 잘 받아들여지지 않는다. 앞서 80쪽에서 언급한 수잔네 뷔르겔도 비슷한 경험을 했다. 그녀는 동사무소에 전화를 몇 번 걸었지만 아무 소득이 없자 지방 의회에 시민 청원서를 제출했다. 조명이 너무 밝고 불규칙적이어서 설치 기준에 맞지 않다는 다름슈타트 공과대학교 광학 기술 전문가의 측정 결과도 첨부했다. 전문가들은 조명의 광학 설계가 잘못되었다고 판단했다.[4] 지자체는 한동안 침묵을 지키다가 결국 가로등 몇 개의 밝기를 50퍼센트 수준으로 조정했다. 이는 마치 엄청난 변화인 것처럼 들리지만, 애초에 밝기가 과도했던 탓에 조정한 후에도 변화를 실감하기는 어려웠다.

바이에른주 펠트키르헨베스터함에 사는 엘비라Elvira 와 로베르트 리파체크Robert Rypacek 부부의 사례는 좀 더 성공적이다.[5] 2013년 집 앞에 LED 가로등이 설치된 이후 그들에게 수면 장애가 생겼고 저녁에는 발코니를 이용할 수도 없게 되었다. 처음에 그들은 가로등 철거 비용 1,600유로를 자비로 부담하겠다는 제안까지 내놓으면서 지자체와 합의점을 찾으려 노력했다. 하지만 지자체는 선례를 만들 수 없다며 이를 거절했다. 그들은 5년간 끊임없이 투쟁했고 그 결과 뮌헨의 행정 법원이 그들의 손을 들어주는 판결을 내렸다.

현장 감정 결과 방 안의 밝기가 LAI 기준치 이하이긴 하지만 심리적 눈부심은 기준치의 두 배를 상회하는 것으로 나타났다. 빛 방출에 관한 LAI의 기준치는 가로등에 적용되는 게 아니지만 법원은 LAI 기준치를 기준으로 삼아 피고인이 겪는 심리적 부담이 수용 가능한 정도를 넘어선다고 판단했다. 지자체는 거리 조명을 규정에 맞게 관리할 의무가 있긴 하지만 그 범위는 도로와 보도로 한정되었다. 그러므로 피고인의 집은 빛으로부터 보호를 받아야만 한다는 게 법원의 판단이었다. 지자체는 이 판결을 받아들이지 않았고 항소하고자 했다. 지자체는 독일

공업 규격DIN에 따라 조명을 밝혔다고 주장했다. 심리적 눈부심의 정도는 주관적인 것으로 가로등의 밝기와는 무관하다고도 했다.

이 판결은 야간 조명을 둘러싼 갈등이 다면적이어서 해결책을 찾기 위해서는 여러 면에서 경중을 저울질해야 한다는 점을 드러낸다. 하지만 근본적인 문제는 모호한 법 제도에 있다. 소음과는 달리 빛에 관해서는 구속력을 지닌 한계치가 없고 LAI의 기준치만 있다. 하지만 이 기준치보다 훨씬 어두운 밝기에서도 빛 방출에 대한 불만이 나온다. 가이드라인이 너무 높다는 뜻이다. 양측에서 거듭 지적하는 바에 따르면, 이 기준치에는 과학적 근거가 거의 없다. 가로등의 최소 밝기에 대해서도 정해진 바가 없기는 마찬가지다. 최소는 물론 최고 밝기도 경험치를 바탕으로 정해진다. 조명에 대한 갈등이 판사 앞에까지 오르는 일은 매우 드문 까닭에, 우리는 얼마나 많은 빛이 적정한지를 이제 막 이해하기 시작했다.

야간 조명을 어떻게 다뤄야 할지에 관한 질문에 대답하는 것은 전혀 간단하지 않다. 명확하고 구속력 있는 원칙이 사전에 정해진다면 양측을 분명하게 이해시키는 일이 한결 쉬울 것이다. 원칙은 한편으로는 조명으로 방해를 받는 사람이 방해하는 조명에 대해 어떤 대책을 강구할지를 따져 보기 위해서 필요하지만, 다른 한편으로는 조명 장치가 사전에 영리하게 계획되어 불필요한 갈등을 피하기 위해서도 필요하다. 그렇다면 원

야간 조명 가이드라인

완벽한 조명을 위한 만능 해결책은 없다. 게다가 조명의 기술적 가능성은 날로 다양하게 발전하고 있다. 인터넷에서 여러 가지 추천과 조언 그리고 가이드라인을 찾을 수 있다.

가정에 야간 조명을 설치하려고 하거나 이미 사용하고 있다면, 밤에 잘 어울리는 조명에 관한 다음의 기본 원칙을 읽어보길 권한다. 이 원칙은 각자의 발코니는 물론 대도시에 조명을 설계할 때에도 적용할 수 있다.

가능한 한 적게

조명 하나를 설치하기 전에 정말 그것이 필요한지를 곰곰이 생각하라. 그 어떤 빛도 중립적이지 않다. 외부 조명과 크리스마스 전등이 아름다운 만큼 치러야 할 생태적 비용도 만만치 않다. 실외 조명을 사용한다고 해서 범죄가 예방된다는 증거는 없다. 일부 사례는 명암 대비가 너무 크면 오히려 범죄 예방에 방해가 된다고 말한다. 그러므로 빛은 가능한 한 적게, 하지만 균일하게 사용하라.

필요한 곳에만

조명을 설치할 때는 그 빛이 당신의 소유지에만 비치는지를 꼭 확인해야 한다. 이웃의 권리를 보호하기 위해 당신의 전등 기구가 그들의 마당, 외벽 혹은 실내를 밝히지 않도록 해야 한다. 어둠을 되찾으려는 이웃에게 알아서 빛을 가리라고 할 게 아니라 당신이 당신의 빛을 적절하게 차단해야 한다. 또한, 당신이 설치한 전등 때문에 지나가는 교통 이용자의 눈이 부시지 않도록 주의하라.

필요할 때만

조명은 당신이 볼 때에만 의미가 있다. 외부 조명은 물론 외벽 조명도 밤새도록 필요하지는 않다. 거리 조명은 필요에 따라 조정될 수 있다. 동작 감지기를 달면 누군가 이용할 때만 현관으로 가는 길에 빛을 비출 수 있다. 광고판 역시 한밤중에는 보는 사람이 거의 없다. 그런 것에 들어가는 생태적 비용을 계산하라. 밤에 상점 불을 끄면 전기세를 아낄 수 있다. 실내조명 역시 밖으로 새어 나가면 심각한 빛 공해를 일으킬 수 있음을 기억하라.

방향은 아래로

나무 아래에 설치한 바닥 조명이나 주택 벽을 비추는 빔이 아무리 예뻐도, 결코 지평선을 가로지르는 빛을 방출해선 안 된다. 위로 비스듬하게 뻗는 빛은 수직으로 향하는 빛보다 더 해롭다. 대기에 더 많이 산란되어 스카이글로 현상을 일으키는 데 훨씬 더 많이 기여하기 때문이다. 그러므로 전조등 상단에는 가림 장치를 사용하라. 이렇게 하면 빛이 주변으로 흩어지는 대신 정확하게 당신이 필요한 곳에만 비치기 때문에 에너지도 아낄 수 있다.

청색광은 적게

야간 조명의 생태적 그리고 건강상의 피해는 색온도와 청색광의 비중에 비례하여 늘어난다. 그러므로 가능하다면 3,000켈빈 이상의 빛은 피하는 것이 좋다. 그렇지 않은 경우에도 색온도는 낮을수록 좋다.

시중에서 구할 수 있는 앰버 LED(1,800켈빈)의 종류가 다양해지고 있다. 때로는 주문을 하거나 온라인 쇼핑몰을 뒤져야 구할 수도 있지만, 어쨌든 이는 아늑한 분위기를 조성하는 훌륭한 대안이다. 이미 4,000켈빈 조명을 설치한 곳은 밝기를 낮추는 것이 합리적이다. 방출되는 빛이 적을수록 방출되는 청색광의 양도 줄어든다.

작은 마을 회관이 가득 찼다. 오스트리아 린츠의 키르히슐라그 주민들의 흥분이 감지되었다. 제일 앞줄에는 이날 저녁 새로운 가로등 스위치를 누르게 될 주 의회 소속 루디 안쇼버Rudi Anschober가 앉았다. 그건 특별한 가로등이었다. 관련자들의 참여와 최신 LED 기술로 주민들의 안전 욕구와 빛 공해 저감에 대한 바람 그리고 기후 변화에 대항하려는 노력을 반영해 만들었기 때문이다. 서로의 바람이 상충되는 경우가 적지 않아 녹록지 않았다.

모두 모여 그들의 줄타기가 어떻게 성공했는지를 보여 줄 단편 영화의 시사회를 기다렸다. 15분짜리 영화가 끝나자 박수갈채가 터졌다. 대부분 이미 알고 있던 사실이 공식적으로 확인되었기 때문이다. 키르히슐라그의 프로젝트는 성공이었다. 밤을 보호하는 것과 안전이 함께 어우러졌다. 이제 키르히슐라그는 밤에 어울리는 환경친화적 조명에 관한 모범 지자체가 되었다.

강력한 법인가, 유연한 가이드라인인가

키르히슐라그를 이끈 기폭제는 이미 2010년에 만들어졌다. 린츠 출신 의사이자 별 사진가인 디트마어 하거Dietmar Hager가 밤하늘이 너무 밝다는 데 주목하면서부터다. 당시 오스트리아에서는 보수 정당인 오스트리아 국민당과 녹색당이 연정 협상을 벌이는 중이었다. 정당 관계자들은 빛과 소음 공해에 관한 규제가 강화돼야 한다는 데 의견을 모았다. 이후 1년간 전문가들은 빛 공해에 관한 다양한 규정을 마련했고, 마침내 야심찬 결론에 합의했다. 그 합의에 따라 실외 조명에 관한 가이드라인을 만들게 되었다.

그리고 3년 후 문서가 완성되었다. 문서에는 빛의 작용과 안전을 위협하지 않고서도 조명을 환경친화적이고 건강하게 설치할 수 있을지에 관한 유용한 배경 정보가 담겨 있었다. 가이드라인의 작성자들은 색온도가 최대 3,000켈빈을 넘지 않게 하되, 주거지에서는 가능한 한 1,800켈빈 앰버 LED를 이용하고 전등 위에는 가림 장치를 씌울 것을 권장했다. 특히 밤에는 빛을 줄이거나 아예 끄거나 동작 감지기를 사용하는 등 필요에 맞게 조명을 조절할 것을 당부했다.

모든 권고 사항이 유럽 조명 표준 EN13201과 상충되지 않도록 하는 것도 작성자들에게는 중요한 일이었다. 처음에는 가이드라인이 거의 활용되지 않았다. 작성자 가운데 한 명인 헤리베르트 카이네더Heribert Kaineder는 가이드라인이 오스트리아 북부에만 해당되었기 때문이라 짐작했다. 하지만 시간이 지나면서 다른 주들도 관심을 갖기 시작했다. 그리고 전체 주를 아우르는 전문가 회의에서 오스트리아 전체를 망라하는 가이드라인을 작성하기로 결정했다.

이 작업에는 환경 보호 운동가, 의사, 행정가, 조명기술협회 대표까지 다양한 분야의 인사들이 참여했다. 그들이 항상 합의를 이룬 것은 아니다. 특히 3,000켈빈 이상 조명을 포기하자는 대목에서는 의견이 벌어졌다. 전문가들은 절충을 위해 가이드라인을 규정이 아닌 권고로 작성했다. 갑자기 조명 설치를 엄격하게 규제하면 많은 사람이 거부 반응을 일으키지 않을까 하는 우려도 있었다.

마침내 2018년 발표된 오스트리아 실외 조명 가이드라인에 세간의 관심이 집중되었다. 이 권고는 조명을 설치할 때 여러 가지를 고민해야 한다는 인식을 조성했다. 2019년 이후부터 오스트리아 주 정부들에서 이 가이드라인에 따라 공공건물 조명을 설치하자는 결정이 하나둘씩 내려지고 있다. 향후 이 가이드라인은 정부 보조금 지급의 기준으로도 활용될 전망이다. 또한 지자체가 가이드라인을 쉽게 적용할 수 있도록 응용 프로그램과 입찰서를 작성할 수 있는 샘플 문서도 개발하고 있다.

하지만 아무리 그래도 가이드라인은 문서에 불과하다. 빛은 경험으로만 알 수 있다. 실제로 켈빈과 럭스, 와트당 루멘과 제곱미터당 칸델라가 조합된 결과가 어떤 작용을 하는지 정확하게 계산할 수 있는 사람은 거의 없다. 이러한 학문적 허점을 메우기 위해 북오스트리아 주 의회의 루디 안쇼버는 모범 지자체 조직을 제안했다. 가이드라인의 기준치가 어떻게 적용되는지를 현장에서 보여 주자는 이야기였다.

권고안을 적용하는 데 장애가 되었던 것 중 하나는, 그에 따른 조명을 설치하는 데 들어가는 추가 비용이었다. 2018년 기준으로 가장 저렴한 것은 4,000켈빈 LED였다. 앰버 LED는 틈새 시장용으로 유통되었기 때문에 그보다 훨씬 비쌌다. 게다가 앰버 LED는 4,000켈빈 LED보다 전력 소비량도 많았다.

이 사안에 대한 사전 준비를 맡은 건 환경부였다. 지자체에서 발생하는 비용 증가를 주가 떠안기로 했다. 전기세의 경미한 증가는 아무도 없는 장소의 야간 조명을 끄거나 좀 더 희미하게 줄이는 등 수요에 맞춘 조명도 조절을 통해 상쇄할 수 있었다. 조절 장치를 설치하는 데 들어가는 부가 비용은 지원금으로 해결했다. 그리고 시민들이 따뜻한 색의 빛을 어떻게 느끼는지, 얼마나 많은 지자체가 이런 식의 조명을 설치하기로 결정하는지를 지켜보았다.

2018년 지자체 두 곳이 조명 재정비를 결정했다. 주민이 2,138명인 키르히슐라그와 866명인 슈타인바흐였다. 두 지역의 도로에는 3,000켈빈의 조명이, 주거지에는 앰버 LED가 설치되었다. 키르히슐라그의 시장인 거트라우드 다임Gertraud Deim은 에너지 효율이 높으면서도 보안 효과가 뛰어난 최신식 가로등을 원했다. 처음에는 빛 공해가 큰 고려 대상이 아니었다. 슈타인바흐의 시장인 니콜 에더Nicole Eder는 처음부터 몇 가지 고민을 했다. 아티제트라운제 자연공원Naturpark Attersee-Traunsee 구역 내에 있는 슈타인바흐 지자체는 이미 환경·에너지 모범 지역으로 선정되었고, 별빛공원 타이틀을 얻기 위해 애쓰고 있었다. 니콜 에더는 지역의 자연을 잘 보존된 채로 다음 세대에 넘기는 것을 매우 중요하게 여겼다.

지자체들은 엄청나게 긴장하며 조명 재정비의 결과를 기다렸다. 주민들은 새로운 조명을 어떻게 받아들일까? 그동안 조명업계는 시민들이 4,000켈빈의 주백색 빛을 가장 좋아하고 호박색 빛에는 거부 반응을 보인다고 주장해서 지자체와 논쟁을 벌이기 일쑤였다. 하지만 모범 지자체에서 드러난 시민들의 의견은 업계의 주장과 달랐다. "반갑게도 '새로운 조명'에 대해 아주 많은 반응이 접수되었고, 나는 그중에서도 긍정적인 반응이 우세했다는 것을 강조하고 싶다." 거트라우드 다임은 자랑스럽게 말했다. 그리고 야간에 조명 밝기를 낮춘 것을 알아챈 시민은 아무도 없었고 안전한 귀갓길을 위해 밤에 눈부신 조명을 밝힐 필요가 전혀 없었다고 말했다.

자신이 경영하는 호텔 조명을 재정비 계획에 따라 리모델링한 귄터 마우어Günther Mauer도 비슷한 의견을 나누었다. 새로운 조명은 단골손님들의 식탁에 자주 오르는 이야깃거리가 되었다. 키르히슐라그의 사람들은 새로운 증기등을 자랑스레 여겼다. 앰버 LED에 대해서도 만족감을 드러냈다. 요제프 논스카Josef Nonska는 주황색 조명 덕분에 저녁에 테라스에 나가기가 한결 나아졌다고 말했다. 이전까지 그녀 집 앞에 있던 백색 수은 증기등과 달리 눈이 부시지 않기 때문이다.

독일, 스위스와 마찬가지로 오스트리아에는 빛 공해에 대한 그 어떤 법규도 마련돼 있지 않았기에 결정권자들은 실외 조명에 대한 가이드라인을 토대로 성공적인 타협을 이뤄 낼 수 있었다. 그들은 가이드라인이 없었다면 건축, 환경, 교통안전, 시민권, 행정권 등 다양한 분야의 법에서 빛을 다루는 개별 조항을 찾아내 참고했어야 할 것이다. 이러한 규정들은 지자체 혹은 주 단위로 적용될 때가 많은데 그때마다 심각한 차이가 있었다. 또한 구체적인 것은 거의 없고 대부분 그저 인간과 동식물이 해로운 영향으로부터 보호돼야 한다는 원칙론에 불과했다. 기준치는 아예 없었다.

지금까지도 조명에 관한 구체적인 지침이 없는 이유는 입법자들이 더 이상의 규제를 피하고자 하기 때문이다. 바이에른 주 의회는 2002년 밤하늘을 밝히는 것에 대한 법적 규제가 개인의 자유권을 심각하게 침해한다고 밝혔다. 그들은 국가를 향해서도 자유권에 개입하는 행위를 광범위하게 제한해야 한다고 말했다. 이미 존재하는 자연 보호, 가스 배출, 건축, 교통 등에 관한 규제만으로도 충분하다는 게 그들의 주장이다.

하지만 몇몇 유럽 국가에는 빛 방출을 규제하는 법이 마련돼 있다. 주로 이런 법들의 초기 단계는 지역에 국한된 규제다. 예를 들면 이탈리아의 롬바르디아나 스페인의 카탈루냐, 오스트리아의 남티롤 등이 빛 방출을 규제하고 있다. 그리고 슬로베니아와 프랑스, 리히텐슈타인과 크로아티아에는 국가 수준의 규제법이 존재한다.

규제의 범위는 제각각이지만 모든 법이 일치하는 대목은,

빛은 위에서 아래로만 비쳐야 한다는 것이다. 몇몇 경우에는 광선의 성질을 구체적으로 제한하기도 한다. 일부는 하늘에 직접 조명을 비추는 스카이 빔의 사용을 제한하고 프랑스, 슬로베니아, 카탈루냐, 남티롤은 아예 금지한다. 하지만 건축 유물만은 예외다. 이러한 건물들의 상부에 조명을 다는 것은 거의 불가능하기 때문이다. 대신 구체적인 규정으로 어느 구역을 비춰도 되는지, 밤에는 조명을 꺼야 하는지 등을 정했다.

슬로베니아에는 매우 자세한 지침이 적용된다. 천문학적 관찰이 가능하도록 밤하늘을 보호하고 에너지를 절약한다는 근거 아래, 조명의 밝기가 아니라 전기 사용량과 가동 시간을 규제한다. 이 규정이 제대로 준수되고 있는지에 관한 정기적인 검사 규정도 적시돼 있다. 미비한 경우에는 벌금형이 내려질 수 있다.

2013년, 프랑스에서는 빛 공해 방지 법안이 발효됐다. 우선 목표는 매년 1테라와트시TWh가량을 절약하는 것이다. 이는 27만 가구의 에너지 소비량에 해당하고, 이만큼의 전기를 생산하느라 배출되는 이산화탄소는 12만 톤에 달한다. 사무실의 실내 조명은 물론 건물 외벽과 역사 유물, 쇼윈도의 조명도 밤에는 스위치를 내려야 한다. 이 법에 대한 구체적 행동 지침은 2019년 1월에 발표되었다. 거기에는 다양한 상황에서 실외 조명을 설치, 설계하는 데 대한 기술적 기준이 적시되어 있고 천문학적 관찰 장소들에 특별한 보호 가치가 있다고 명시되어 있다.

프랑스 법에 따르면, 야간 핵심 시간대에는 조명을 흐리게 하거나 아예 꺼야 하고 아래에서 위로 향하는 빛은 최소한으로 줄여야 한다. 스카이 빔은 금지된다. 더불어 입법자들은 허가를 받은 조명에도 밝기와 눈부심 현상을 제한했다. 어떤 경우에도 빛이 주거 공간 안으로 침투해서는 안 된다. 청색광의 양을 낮추기 위해 전등은 3,000켈빈 이하만 설치가 가능하고 보호 구역이나 전용주거지역에서는 2,700켈빈 이하만 허용된다. 밤에 하천을 비추는 행위는 무조건 금지다.

국제어두운밤하늘협회International Dark-Sky Association, IDA의 존 바렌틴John Barentine은 프랑스 법이 서유럽 다른 국가들에게도 중요한 기준이 될 것으로 봤다. 거기에는 금지 조항만이 아니라 밤하늘에 어울리는 조명을 성취하기 위한 기술적 지시도 명시돼 있기 때문이다.

하지만 프랑스에서 발효된 것과 같은 빛 공해 법안은 여전히 드물다. 그렇다면 누가 빛의 사용을 규제할까? 머지않아 빛을 옹호하는 사람들은 거리와 공공장소의 조명에 관한 토론을 할 때 규격을 들먹일 것이다. 그들은 많은 지자체와 조명 설계자가 조명을 포함한 모든 것을 규정해 놓은 독일 규격이나 유럽연합 규격을 법적 기준으로 삼아야 한다고 주장할 것이다. 그들의 속내는 무엇일까?

도로 교통에서 조명은 유럽 조명 표준 EN13201에 규정돼 있다. 원칙상 유럽 전체에 적용되는 기준이다. 그러나 일부 의

사 결정자들의 상식과 달리 규격은 법적 구속력이 없다. 기술 규격은 전문가들에 의해 정해진 것이기 때문이다. 규격은 과학과 기술, 경험의 최신 상태에 바탕을 두고, 어떤 기술이 최상의 지식 수준으로 적용되도록 보장한다. 하지만 애석하게도 규격에 기술의 현 상태가 반영되는 경우는 드물다. 새로운 기술을 검증하고, 관련된 다양한 측면들을 고려해 규격을 설정하는 데는 시간이 아주 많이 걸리기 때문이다.

쉽게 말하자면, 그 어떤 지자체도 규격에 따라 불을 밝힐 필요는 없으며, (뒤에서 더 살펴보겠지만) 오히려 규격에 맞지 않는 조명이 빛 공해 저감이란 목표에는 더 부합할 수도 있다. 그럼에도 어떤 사람이 열악하고 부족한 조명 때문에 피해를 입게 될 때는 법적 결과가 뒤따른다. 교통안전의 의무와 조명이 연결되는 지점이다. 그러나 지자체는 과속 방지 턱 등의 교통 안정화 장치를 설치하거나 30킬로미터 속도 제한 구역을 설정하거나 혹은 장애물이나 도로 손상과 같은 사고 원인을 피하는 등 법원의 판결과는 다른 방식으로 교통안전에 관한 의무를 이행할 수 있다. 환하게 밝혀진 곳에서도 걸려 넘어질 사람은 넘어지기 때문이다.

놀랍게도 독일이나 오스트리아에도 규격 이하로 불을 밝힌 곳은 많다. 수많은 지자체가 야간에는 불을 아예 꺼 버린다. 지금까지 그에 따른 부정적 결과는 없었고, 주민들이 불안감을 느끼는 기색도 없었다. 아마 베를린은 도처에 규격 이하의 조명이 설치된 가장 유명한 사례일 것이다. 이는 빛 공해를 줄이고 어지러운 빛으로부터 시민들을 보호하기 위한 결정이었다.

그러므로 규격을 엄격하게 준수하는 것에 무슨 의미가 있는지 의문이다. 그 규격은 전문가들에 의해 정해진 것이긴 하지만 관련 분야 모두에게 발언할 기회를 준 다음 만든 것은 아니다. 조명에 관한 규격을 설정하는 데는 국제조명위원회CIE가 큰 역할을 했다. CIE는 대부분 기술자로 구성돼 있으며 생물학자와 의학자의 참여는 미미하다. CIE의 회원 자격은 열려 있지만 표결권은 대부분 조명업계의 대표들이 가지고 있다. 그 때문에 과거의 조명 규격에는 업계와 무관한 학자들과 밤하늘 보호자들의 의견은 제한적으로만 반영되었다.

지금까지도 CIE는 천문 관측을 방해하는 원인을 제한할 때조차 빛 공해란 주제에는 관심을 거의 기울이지 않는다. 하지만 점차 '거슬리는 빛'을 제한하고, 최신 기술을 빛의 부정적 영향을 제한하는 방향으로 사용하려는 노력들이 일어나고 있다. 몇 년이 지나면 아마 이런 노력들이 규격에 반영될 것이다.

독일 조명협회 내부의 분위기도 희망적이다. 미래의 조명 문제를 논의할 때 빛 공해를 예방하고 어둠을 보호하는 방향으로 책임감 있게 빛을 다뤄야 한다는 입장이 점점 더 많은 지지를 받고 있다. 이는 2019년 발표된 '미래의 빛에 대한 함부르크의 호소Hamburger Aufruf zur Zukunft Licht'의 핵심이기도 하다.

유럽연합에서는 이미 이 사안에 대한 진전이 보인다. 유럽연합은 2019년 도로 조명과 교통 신호에 관한 '친환경 공공 조달 기준GPP' 개정안을 내놓았다. 공공 기관이 생태적 영향이 덜한 물품을 선택할 수 있도록 기준을 세운 것이다. 기준 설정 과정에는 유럽연합 시민 누구나 참여가 가능했다. 법적 구속력은 없는 기준이라도 공공장소에 가로등을 세울 때 전반적인 지침으로 사용된다. 기준의 작성자들은 환경친화적이고 안전한 조명에 관한 모든 관련 변수를 포함하기 위해 전력 소비, 빛 공해, 조명의 수명 등을 고려했다. 조명에 관한 유럽연합의 GPP 표어는 쉽고 강력하다. "합리적으로 이를 수 있는 한에서 가장 낮게 줄여서As Low As Reasonably Achievable." 빛은 가급적 조금만 사용해야 한다. 그것이 가장 환경친화적인 해법이다. 비용, 안전, 건강, 환경 등과 관련한 LED의 위험성은 이 신기술이 가진 가능성과 동일하게 토론돼야 한다.

GPP는 유럽연합 회원국들이 공공 조명을 설치할 때 보조금을 지급하는 기준이 돼야 한다. 작은 지자체는 조명을 재정비하거나 새로 설치할 때 조명의 다양한 측면을 비교·평가하는데 필요한 전문 지식이 없다는 문제에 자주 봉착한다. 정부 부처의 권고가 있다면 설계의 콘셉트를 크게 제한하지 않으면서 이 문제를 해결할 수 있다. 공공장소에 조명을 설치하는 데 돈이 많이 들어가므로 자금 지원을 위한 가이드라인이 매우 중요하다. 가이드라인을 준수하는 지자체가 보조금을 받기 때문이다.

2010년부터 독일 연방 환경·자연 보호·원자력 안전부는

LED 조명에만 보조금을 제공했다. 비슷한 효율의 2,000켈빈 저압 나트륨증기등은 더 이상 심사 대상에도 오르지 못한다. 최근까지 많은 제조업체에서 4,000켈빈 LED를 3,000켈빈 또는 1,800켈빈 LED보다 저렴한 가격에 내놓았다. LED는 에너지 효율이 매우 높기 때문에 야간에 스위치를 꺼도 에너지 절약 효과는 미미하다. 그런데 이른바 동적 조명, 즉 동작 감지기로 제어되는 조명도 조절 장치를 설치하려면 추가 비용이 들어간다. EN13201에는 구체적으로 적시된 내용이 없는 까닭에, 일부 지자체는 야간 소등이 독일 규격에 위반될지도 모른다는 잘못된 우려마저 품고 있다. 그래서 많은 지자체가 밤새 4,000켈빈 LED등을 밝히는 쪽을 택한다.

현재의 자금 지원 가이드라인은 동적 조명의 설치를 장려한다. 곤충 친화적인 색온도도 권장된다. 메클렌부르크포어포메른주의 에너지부가 이 문제에 적극적으로 관여하고 있다. 베아트릭스 롬베르크Beatrix Romberg 연구원이 빛이 곤충에 미치는 영향을 주 정부에 알린 것을 계기로, 이 주에서는 가로등의 최대 색온도를 3,225켈빈으로 정했다. 그러므로 4,000켈빈 주백색 LED등을 설치하면 주 정부의 보조금을 받을 수 없다.

그렇다면 우리가 필요한 것은 강력한 법일까, 아니면 유연한 가이드라인일까? 가이드라인의 장점은 우리 모두에게 밤에 어울리는 조명을 선택할 동기를 제공한다는 것이다. 반면 새로운 법은 강요로 여겨진다. 그러나 가이드라인은 실행을 강요하고 명확한 조건을 제시할 구속력 있는 규칙이 아니라는 단점이 있다.

그래서 베네딕트 허긴스는 구속력 있는 규칙과 유연한 규정의 적절한 혼합을 제안한다. 지금 당장은 조명이 언제 방해가 되는지를 판단할 과학적 기준치가 마련돼 있지 않다. 어떤 조명 환경에 대한 고소인의 반응이 과민한 것인지, 아니면 정당한 것인지를 법원이 힘겹게 판단할 수밖에 없는 것도 바로 그 때문이다. 베네딕트 허긴스는 입법자들이 규정을 정해 줘야 갈등이 생겼을 때 법원이 개입할 수 있는 법적 동기가 생겨난다고 말한다. 이러한 규정 혹은 한계 값은 법원이 빛 공해를 실체가 있는 피해로 이해하도록 하는 데도 기여할 수 있다.

우리가 조명의 사용을 규정할 때는 언제나 그 빛의 투입이 항상 의도했던 목표와 맞아떨어지는지 아니면 새로운 기술의 가능성에 가려 인간이 진정으로 원하는 것이 뒤로 밀려나는지를 고민해야 한다. 생명에 필수적인 어둠은 지켜야만 한다. 건강과 환경이 쾌락이나 정보 전달 다음으로 밀려나선 안 된다. 그렇게 해야만 도시는 양질의 생활 터전이 될 수 있다. 그리고 다행히도 최신 기술 덕분에 우리 앞에 지금 당장이라도 이러한 목표를 실현할 가능성이 열려 있다.

5부

도시

밤 아홉 시. 나는 베를린에서 가장 큰 공원 중 하나인 티어가르텐 입구에 서 있었다. 낮에는 주민들과 관광객들로 넘쳐나는 이곳에 어둠이 내리면 노숙자들과 멧돼지들만 남는다. 베를린의 밤을 찍은 항공 사진에서 유일하게 검은 점으로 나타나는 지역이다. 나는 망설여졌다. 평소 같으면 공원을 두르는 우회로로 발길을 돌려 사람들의 왕래가 잦은 경로에서 벗어나지 않았을 것이다. 하지만 나는 며칠 후 관심 있는 사람들을 대상으로 베를린의 도처가 왜 이토록 밝은지를 설명할 예정이고, 어둠을 관찰하기 좋은 장소로 티어가르텐을 소개할 생각이다. 그래서 현장답사를 위해 이곳에 왔다.

순간 평생토록 들어 왔던 어둠에 대한 모든 경고가 내 머릿속에서 되살아났다. 어두운 도시 공원은 강도를 만나거나 강간을 당할 위험이 너무 크기 때문에 여성을 위한 장소가 아니라는 이야기들. 생물학자로서는 오히려 멧돼지가 염려되지만 부랑자도 그리 반가운 상대는 아니다.

나는 깊게 숨을 들이마시고 어둠 속으로 발을 내디뎠다. 하지만 어둠이 완전한 암흑은 아니었다. 내 앞에 놓인 길의 가장자리에는 유서 깊은 가로등이 줄지어 서 있었다. 동그란 불빛이 자꾸만 나타나서 공원의 끝에 놓인 '6월 17일의 거리'까지 내 시야에 들어왔다. 나는 혼자가 아니었다. 자전거를 탄 사람들이 하나둘씩 내 곁을 지나갔다. 앞이 잘 보여서 무언가가 나타나도 전화로 도움을 청할 시간은 충분해 보였다.

내 눈에 보이지 않는 곳은 앞이 아니라 풀숲이 있는 바로 옆이었다. 그곳에는 완벽한 어둠이 내려앉아 있었다. 환한 대로의 불빛이 막막한 암흑의 공간을 만들어 냈다. 공격자가 그곳에 매복하고 있으면 알아챌 도리가 없을 것 같았다.

나는 사거리에 다다라 잠시 망설인 끝에 한 번 더 숨을 깊게 들이마셨다. 그리고 환하게 밝혀진 길을 떠나 어둠으로 발을 내디뎠다. 얼마 지나지 않아 내 눈은 새로운 빛 환경에 적응했다. 석상이 서 있는 드넓은 잔디밭이 한눈에 들어왔다. 나는 풀숲에서도 모든 것을 볼 수 있었다. 더 안전해진 기분을 느꼈다. 손에 든 럭스 측정기를 봤다. 그곳의 밝기는 3럭스 이상으로, 보름달빛보다 열 배가 더 밝았다. 포츠담 광장 곁에 우뚝 선 독일철도 본사와 소니센터 때문에 그곳마저도 암흑을 논할 곳은 아니었다.

더 밝다고 더 안전하지는 않다

안전만큼 빛과 자주 연관되는 개념도 없다. 우리는 무엇보다 우리의 거리를 더 안전하게 하고 우리의 집을 보호하기 위해 불을 켠다. 누군가 가로등을 줄이자고 주장할 때면 항상 반대편에서는 범죄 가능성을 토론의 장으로 끌고 들어온다. 두 가지 의견이 충돌할 때도 범죄는 조명 확대를 요구하는 유리한 근거가 된다.

널리 알려진 대로 범죄자들은 어둠의 비호를 받으며 작업하는 편을 선호한다. 어두우면 증인, 심지어는 경찰을 피할 수도 있고 방해 없이 하려던 일을 계속할 수 있기 때문이다. 또한 불을 밝힌 구역에는 사람들이 붐비므로 범죄 행위에 대한 증인이 많을 거라고 추측하는 사람도 많다. 나쁜 짓을 발견하기도 쉽고 범인의 신원을 찾아내기도 수월하리라 생각하는 것이다. 이러한 배경에서 '불을 밝힌 곳은 범죄가 줄어든다'라는 개념이 자리 잡았다.

또한 준법 시민들이 환한 조명 아래에서는 스스로의 가치를 높게 평가해 역설적으로 자기 집 앞, 골목, 동네, 주거지에 적극적으로 개입할 준비가 되고 공격적 태도나 파괴적 성향은 줄어든다고 생각한다.

실제로 대부분의 사람이 빛 아래에서 더 안전하다고 느끼고 그 때문에 빛에서 비롯된 불편도 감수한다. 내 주변의 한 젊은 여성은 새로운 가로등 불빛이 잠을 방해한다고 불평한다. 하지만 그렇다고 야간 소등을 바라지는 않는다. 강도가 무섭기 때문이다. 그녀가 사는 동네에서는 가로등이 새로 설치되기 한참 전부터 강도 사건이 일어나지 않았는데도 말이다. 새로운 가로등이 강도를 예방하기 위해 필요했던 것도 결코 아니다. 그 동네는 이전 그대로 안전할 뿐이다. 이는 빛과 범죄가 완전히 잘못 연결되었음을 보여 주는 일례일 뿐이다.

나는 인공조명의 역사를 다루는 장에서 이미 가로등이 도입되던 시기부터 꾸준히 토론되어 온 주제, 즉 야간 조명이 범죄율을 감소시키는가, 혹은 촉진시키는가에 관해 서술한 바 있다. 2002년 영국 내무성은 마침내 이에 관한 확실한 대답을 내놓았다.[1] 보고서 작성자는 미국과 영국의 연구 30건을 분석했다. 실제로 빛은 범죄 예방을 위해 적합한 수단이라는 게 보고서의 결론이었다. 그 이후로 책임자들은 새로운 가로등에 대한 투자를 합리화해야 할 때마다 줄기차게 이 보고서를 소환했다. 하지만 얼마 지나지 않아 영국 내무성의 보고서를 자세히 들여다본 영국 리즈대학교의 통계학자 폴 마천트[Paul Marchant]가 이 문건에 대해 공식적으로 비판을 제기했다.[2]

그는 먼저 내무성에서 분석한 연구들에 계획이 부족했다는 점을 허점으로 보았다. 이상적인 과학 연구는 실행 전 단계에 이미 전반적 계획이 확실히 서 있다. 과학자들은 가설을 세우고 통제 집단을 설정한다. 이 연구의 경우라면 가로등을 변함없이 유지해 온 지역 중 비교가 가능한 곳이 통제 집단이 될 것이다. 그런 다음 가로등을 재정비한 전후의 정보를 수집하여 통계적으로 평가해야 했다.

그러나 내무성에서 분석한 연구들의 대부분은 그렇지 않았다. 이는 오늘날까지 빛과 안전의 연관성을 다룬 여러 가지 연구가 가진 약점이기도 하다. 통제 집단이 존재하는 경우가 드물고, 전후를 비교하기 위한 정보는 매우 제한된 시간 동안에만 수집된다. 연구 작성자들이 항상 경찰 통계를 근거로 사용하는 것도 아니다. 그보다는 새로운 조명이 생겨서 더 안전하다고 느끼는지 혹은 그 이후로 범죄 피해를 입은 적이 있는지를 주민들에게 물어보는 편을 택한다. 하지만 안전하다는 느낌과 범죄에 대한 인식은 매우 주관적이며, 실제 범죄율과의 연관성도 거의 입증되지 않는다.

폴 마천트가 지적한 두 번째 문제점은 내무성에서 분석한 연구들에 상술된 보고서 중 다수가 전적으로나 부분적으로 조명업계의 지원을 받아 쓰였다는 점이다. 그리고 그의 설명에 따르면, 이 점이 이른바 '출판 편향'을 낳았다. 거의 모든 학문 분야에서 무언가가 효과 있다고 발표하는 것을 중요하게 생각한다. 성공하지 못한 시도에 관한 정보는 종종 서랍 속으로 사라지기 일쑤다. 발표자가 재정적 이해관계를 추구할 때 이러한 편향이 나타날 가능성이 더 높다. 좀 더 정확하게 말하자면, 새로운 조명이 범죄 감소를 낳지 않는다고 말하는 일부 연구는 아예 발표되지 않는다는 뜻이다.

지자체에서도 유사한 태도가 관찰된다. 새로운 조명 시스템을 설치하는 데는 비용이 많이 들어가므로 지자체는 납세자들로부터 사업의 타당성을 인정받아야만 한다. 한 지자체에서 조명을 재정비한 후 범죄율이 떨어지지 않았다는 걸 확인했다 하더라도 그들은 그걸 알리려 하지 않는다. 그리고 밝아지면 더 안전해진다는 생각이 참이라는 것을 입증할 의무는 그 누구에게도 없다. 따라서 새로운 조명으로 재정비한 후 범죄율이 떨어진 경우, 적어도 안정감이 증가한 경우가 우선적으로 발표된 것으로 보인다. 범죄가 더 많이 발생한 경우, 즉 지자체가 지불한 영수증이 제값을 못한 경우는 비밀에 부쳐질 때가 많다.

안전이 객관적으로 개선되었거나 안정감이 확연히 개선되었다면 엄청난 언론의 관심을 받았을 것이다. 하지만 지금까지 그 어떤 도시에서도 그 정도의 개선은 확인되지 않았다.

랜턴LANTERN3 연구자들은 이러한 사실을 인지했고, 영국과 웨일스의 지역 사회 중 2000년 이래 가로등에 어떤 식으로든 변화가 생긴 62곳에 대한 정보를 분석했다. 그들이 내린 결론은 영국 내무성 보고서와 확연히 달랐다. "범죄와 완전 소등 혹은 야간 소등이 연관돼 있다는 그 어떤 증거도 없다." 오히려 밤에 조명을 흐리게 낮춘 지역에서 범죄가 다소 줄어든 것으로 나타났다.

이런 각성적 사실이 처음으로 밝혀진 것도 아니다. 이미 70년대에 미국 법무부의 전신인 법 집행과 형사 행정부US National Institute of Law Enforcement and Criminal Justice는 90개 지역에서 조명과 범죄의 관련성을 살폈다. 그러나 단 한 지역에서도 확실한 결과가 나타나지 않았다. 이 분석과 이후 몇몇 다른 연구를 바탕으로 미국 법무부는 1997년 다음과 같은 판단을 내렸다. "우리는 개선된 조명이 범죄를 억제한다는 말을 신뢰할 수 없다. 범죄자가 조명을 어떻게 자기에게 유리하게 사용할지 알 수 없기 때문이다."4

마지막 단락을 다른 말로 바꾸면, 모든 연구 결과는 신중하게 다뤄져야 한다는 뜻이다. 그중에서도 그 연구를 청탁한 사람이 누구인지를 유심히 살펴야 한다. 또한 서로 다른 연구를 비교하거나 요약할 때에는 더더욱 주의해야 한다. 인구의 구성, 기존의 기반 시설 그리고 범죄율에 영향을 주는 여타 다른 속성들에 따라 연구 영역에 차이가 생기기 때문이다. 예를 들면, 런던 시내 상황을 외곽 작은 마을에 대입해선 안 된다. 또한 더 많은 빛이 더 좋은 빛도 아니라는 사실을 잊어서도 안 된다.

다시 한 번 나를 따라 베를린 티어가르텐 밤 산책에 나서자. 공원에는 방문객들의 안전을 지키기 위해 전등이 설치되었다. 하지만 정작 가로등이 만들어 낸 것은 드넓은 암흑 지대로 둘러싸인 좁은 길이다. 이러한 환경을 잘 아는 잠재적 범죄자라면 암흑 지대에 숨어서 편안히 희생양을 기다릴 것이다. 반면 피해자 입장에서는 조치를 취할 시간이 매우 짧다. 강한 명암 대비가 안전을 갉아먹는다.

명암 대비를 시각적으로 보정하는 능력에 있어서 인간의 눈은 그 어떤 카메라보다 뛰어나지만, 일부 조명 환경은 인간의 능력치 이상을 요구한다. 가로등 아래처럼 우리가 밝은 빛줄기에 둘러싸이게 되면 눈이 새로운 환경에 적응하는 데 몇 분이 걸린다. 그동안 장애물이나 다른 위험 요소를 보지 못할 가능성이 높다. 바로 그런 상황에서 인간은 불쾌감을 느낀다. 두려움이 일어날 수 있고, 그렇게 그 공간은 공포의 공간이 된다.

실제로 2019년 멜버른에서 실시된 한 설문 조사에서 대부분의 여성은 밝고 차가운 빛이 비치는 구역에서 따뜻하고 균일한 빛 아래에 있을 때보다 더 안전하다고 느꼈다. 범죄학자이자 건축가인 둔야 스토르프Dunja Storp에게는 익숙한 깨달음이다. 그녀는 개인적 경험으로 공원을 균일하게 밝히는 조명이 안정감을 불러일으키는 데 긍정적으로 작용한다는 것을 알고 있다. 하지만 지자체가 추구하는 조명의 밝기를 유지하면서 이 목표에 이르려면 풀숲 하나하나를 전등으로 비추는 수밖에 없다. 이는 환경친화적이지도 않을뿐더러 현실 가능성도 없다. 오히려 그보다는 조명도를 낮추면서도 전체 밝기를 균일하게 유지하는 편이 합리적이다. 현란한 조명 환경보다 빛이 고르게 비칠 때 길을 찾기도 훨씬 수월하다.

하지만 지자체는 이러한 깨달음을 고려하는 대신 점점 더 밝고, 색온도가 더 높은 조명을 고집한다. 점점 더 높아진 전봇대 탓에 조명에서 뻗어 나온 광원뿔의 크기도 커진다. 둔야 스토르프는 이런 대책들 중 그 어느 것도 지지하지 않는다. 엄청난 높이에서 아래로 방출되는 주백색 빛은 선명한 그림자를 만들고, 우리를 혼란스럽게 하고, 공포감을 키운다. 특히 여성과 노인들이 이러한 효과에 대한 이야기를 많이 한다. 그런데 전체 인구 집단 중 최우선으로 안정감을 향상시켜야 할 집단이 바로 그들이다.

범죄학자에 따르면, 환하게 조명이 밝혀진 구역과 어두운 공간의 결합은 공포감만 조성하는 게 아니라 공격적 태도도 촉진한다. 젊은 남자들은 더 어두운 곳을 찾아가 거기서 술을 마신다. 그들은 어둠의 비호를 받으며 빛 아래를 지나다니는 행인들에게 해코지를 한다. 이러한 상황 속에서 발생한 분쟁은 밝은 구역이 아니라 어두운 공간에서 해결된다. 그리고 둔야 스토르프가 우려하는 바는 이게 다가 아니다.

우리는 앞서 청색광을 많이 함유한 백색광이 인간의 신체를 활성화하는 작용을 한다는 것을 확인했다. 밤에는 이 에너지가 바람직하지 않은 방식으로, 즉 난동을 부리거나 사물을 파괴하는 방식으로 발산될 수도 있다.

하지만 지금은 그 방식보다는 밤에 조명 스위치를 내린 도시들이 어떻게 되었는가라는 질문에 집중하려고 한다. 뉴질랜드의 오클랜드에서 확인된 결과는 분명하다. 1998년 정전 사태를 겪은 몇 주 동안 그 도시의 범죄율은 급감했다. 심지어 경찰이 범죄 없는 지역을 선포했을 정도다.

독일의 작은 도시 라이네는 2005년부터 전기를 아끼기 위해 밤에는 조명 스위치를 완전히 내렸다. 초반에는 시민들의 불만이 없지 않았으나 그렇게 해도 범죄 건수가 증가하지 않는다는 사실이 경찰 통계로 확인되었다. 대신 이산화탄소 420톤을 덜 배출하고 전기세 8만 5,000유로를 아껴 사회 사업에 쓸 수 있었다. 조명을 공적 공간에서 신중하게 사용해야 할 이유가 충분한 것이다.

그렇다면 개인 공간은 어떨까? 사람들은 언론과 조명 제조사들의 광고물을 통해 주택의 실외 조명이 강도를 물리친다는 스토리를 끊임없이 접하게 된다. 하지만 빛과 강도의 명확한 연관성은 발견되지 않았다. 무엇보다 강도는 일반적으로 주민 대부분이 집에 머무는 어두운 밤에는 찾아오지 않기 때문이다. 평범한 강도들을 대처하는 데 조명이 반드시 매력적인 도구라고 볼 수 없다. 경찰 통계를 통해서도 이를 확인할 수 있다.

2015년 독일에서 발생한 강도 사건의 61.5퍼센트가 오전 8시에서 오후 6시 사이에 발생했다. 오스트리아, 스위스, 영국, 미국에서도 마찬가지로 주로 대낮 혹은 어둑해질 무렵에 침입자들이 들어왔다. 실외 조명은 큰 쓸모가 없는 것이다. 2017년 경찰 통계는 원치 않는 방문자들을 막는 데 그보다 더 도움 되는 것이 무엇인지를 알려 준다. 그것은 바로 튼튼한 문과 창문이다. 집주인들은 이미 오래전부터 이 사실을 깨닫고 주택 시설을 정비해 왔다. 침입 시도는 늘어났지만 침입 성공 건수는 줄어든 것도 이러한 노력 덕분으로 해석된다.

몇몇 보안 전문가들은 심지어 실외 조명이 강도를 끌어들이는 작용을 할 수도 있다고 추측한다. 꽤 먼 곳에 편하게 숨어서도 환하게 불을 밝힌 주택들을 관찰할 수 있다. 강도들은 길 건너에서부터 쳐들어가도 노력이 아깝지 않을 집을 고를 수 있다. 마당의 조명은 강도들이 장애물을 식별하고 소음이나 부상을 예방하는 데 도움을 준다. 무엇보다 보안등의 밝은 불빛이 눈에 띄지 않고 머무를 수 있는 그림자 공간을 만들어 창문과 문을 부수는 것도 수월해졌다.

그리고 어떤 강도들에게는 그 집에 불이 들어왔는지 아닌지가 아무 상관이 없다. 영국의 강도들을 대상으로 범행 표적을 고르는 기준을 설문한 결과, 실외 조명은 단 한 차례도 언급되지 않았다. 전등의 밝은 불빛 아래에서 강도가 이웃의 눈에 더 잘 띌 것이라고 생각하는 사람이라면 야간에, 그것도 한밤중에, 이웃 마당을 눈여겨본 적이 몇 번이나 되는지를 자문해 보라. 오히려 깜깜한 중에 손전등을 켜는 편이 눈에 더 잘 띈다. 그리고 집주인이 그 어떤 빛도 제공하지 않는다면 강도는 손전등을 켤 수밖에 없다.

실외 조명에는 동작 감지기를 설치하는 것이 합리적이다. 감지기는 누군가 집에 들어왔다는 것을 신호로 알려 주고 강도를 놀라게 할 수도 있다. 하지만 그 역시 매우 조심스럽게 다루어야 한다. 잘못 설치된 동작 감지기는 동물들에게도 반응해서 갑자기 번쩍댈 수도 있다. 그 빛이 이웃집 안으로 들어간다면 이웃이 좋아할 리가 없다.

밝은 조명에 반대하는 또 한 가지 근거를 두고 보안 전문가들과 강도들의 의견이 하나로 모아진다. 자기 집을 환하게 밝히는 사람일수록 침입을 두려워한다는 뜻이기 때문에 밝은 조명이 안전을 지키는 데 큰 도움이 되지 않는다는 것이다. 오히려 밝은 조명은 침입해 볼 가치가 있다는 힌트가 된다. 그러므로 조명을 밝힐 돈으로 현관문과 창문의 침입 방지 장치, 경보 장치와 보안 카메라 등 좀 더 효과적인 보호책에 투자하는 편이 낫다. 단, 보안 카메라는 보통 인간의 눈과 마찬가지로 밝은 백색광이 반사되므로 명암 대비가 선명한 상황에 사용하기에는 지장이 있다.

다시 한 번 질문한다. 빛이 정말 우리의 안전을 지켜 줄까? 적절한 기본 조명은 우리가 주변을 제대로 파악하고 안전하게 느끼도록 도와준다. 하지만 지금까지의 조명은 우리 눈과 심리를 거의 고려하지 않았다. 검증되지 않은 가정에 기초를 두고 만들어졌기 때문이다. 또한 영향을 받는 집단들을, 무엇보다 여성과 장년층을 충분히 파악하지 못했다.

그러므로 현재는 개선의 여지가 다분하고, 지금 상태로는 오히려 우리의 감각을 제한하고 있을지도 모른다는 가정을 해 볼 근거가 충분하다. 안전을 향상시키기 위해서 무조건 더 많은 빛이 필요한 것은 아니다. 그보다는 세부 상황에 맞춰 우리의 시력을 지원해 주는 제대로 된 콘셉트가 필요하다. 시민들과도 공감대를 형성해야 한다. '밝을수록 안전하다'는 개념이 우리 머릿속을 장악하고 있는 한 우리의 안전은 손해를 볼 수밖에 없다. 이는 교통안전에도 그대로 적용된다.

늦은 저녁, 나는 라이프치히 구도심을 이리저리 돌아다녔다. 날이 따뜻해서 역사적 건축물들 사이를 오가는 거리 예술가들과 행인들이 적지 않았다. 그곳을 지배하는 건 여유롭고 편안한 분위기였다.

그런데 아우구스투스 광장으로 발을 내디딘 찰나, 눈이 부셔서 앞이 보이지 않았다. 수직으로 길게 치솟은 네 개의 반사경에 부딪친 여러 개의 전조등 불빛이 트램 정류장을 밝혔다. 언뜻 보기에도 예쁘지 않은 그 반사경은 번쩍이는 형체들을 만들며 그곳을 장악했다. 거기에 여덟 개의 현란한 유리 실린더가 빛을 더하고, 유서 깊은 대학과 게반트하우스 그리고 중부독일 방송 빌딩에서 흘러나온 주광색 조명이 뒤섞였다.

너무 환한 정류장에 눈이 부신 나는 럭스 측정기로 손을 뻗었다. 측정기는 200럭스 이상을 가리켰다. 그곳이 내가 오후 내내 머물렀던 세미나실보다 밝았다. 내 눈에 띈 것은 선명한 명암 대비였다. 광원 자체는 매우 밝지만 광원과 광원 사이에는 검은 공간이 생겼다. 수많은 행인 사이를 통과한 자동차 전조등 때문에 밝기가 좀 더 올라갔다. 나는 빛이 혼란스럽게 뒤엉킨 와중에 확실한 길을 찾기가 힘들었다. 동시에 나는 자동차를 갖고 오지 않은 게 다행이라고 생각했다. 그런데 원래 빛은 교통 공간을 좀 더 안전하게 만드는 것이 아닌가?

교통안전을 위한 점등

공공 조명에서 가장 중요한 부분을 차지하는 건 가로등이다. 여기서도 '밝을수록 안전하다'는 생각이 통한다. 어떤 도로에 불이 밝혀져야 하고 빛이 얼마나 많이 필요한가에 대한 해석은 유럽 국가들도 저마다 다르다. 유럽연합 회원국들은 동일한 규격을 따르는 데도 그렇다.

1992년 CIE는 15개국에 대한 62개의 연구를 분석한 결과를 내놓았다. 신설되거나 개선된 가로등이 교통사고 건수를 많게는 75퍼센트까지 감소시킨다는 내용이었다.[5] 다른 연구들에서도 새로운 가로등의 긍정적 효과가 발견되었다. 그때부터 지자체와 조명업계는 가로등이 우리의 교통안전을 위해 중요하다는 사실을 명백하게 이해하게 되었다.

그러나 범죄에 관해서도 그러했듯이, 교통안전과 관련해서도 조명이 정확하게 어떤 외양을 갖춰야 실제로 우리의 안전을 향상시키는지에 관해서는 확실하게 정해진 바가 없다. 밝기에 대한 논의가 진전되었고 유럽연합 규격에도 기준치가 나와 있다. 하지만 이 규격마저도 경험치에 근거한 것으로 유럽 국가 간 체결된 일종의 타협안이다. 유럽연합 안에서도 적절한 밝기에 관한 견해는 제각각으로 나뉜다. 독일과 오스트리아에서는 이 규격의 구속력이 인정되지는 않는다.

독일은 유럽 내에서 상대적으로 불을 덜 밝히는 쪽이다. 속도 제한이 없는 독일의 아우토반에도 가로등이 없다. 그리고 지금은 다른 나라들도 생각을 바꾸는 중이다. 프랑스 불로뉴와 벨기에 국경을 오가는 A16 고속 도로의 가로등은 비용상의 이유로 2006년 이후 전원을 내리고 있다. 가로등을 꺼도 사고 건수는 증가하지도 않았고, 오히려 해마다 전기세로 나가던 60만에서 90만 유로를 아낄 수 있게 되었다.

파리 인근 도시 발두아즈 지역의 A15 도로도 비슷한 상황이다. 가로등을 잇던 25킬로미터 길이의 전기선을 도둑맞은 이후 그곳은 깜깜하게 유지되고 있다. 그런데 도로가 어두워도 사고 건수는 줄어들었다. 고속 도로에서 교통안전을 위해 조명이 필요치 않다는 사실이 명백하게 확인된 셈이다.

보도 역시 환하게 밝힐 필요가 없을 가능성이 많다. 셰필드 대학교에서 빛과 시각 인식을 가르치는 스티브 포티오스Steve Fotios는 보행자가 장애물을 확실하게 식별하기 위해 빛이 얼마만큼 필요한지를 알아내기 위해 노력했다. 그의 연구는 다른 논문들과도 일치했다. 보행자에게 필요한 빛은 최소 0.2럭스로 대략 보름달의 밝기 정도다. 0.2럭스부터 2럭스까지는 점점 시야가 개선되지만, 밝기가 그 이상을 넘어가면 아무런 유익이 없다.[6] 그러므로 CIE가 권장한 2~15럭스의 조명은 보행자들에게는 필요 이상으로 강하다. 애석하게도 자동차나 자전거 운전자들에 대한 유사한 연구는 아직까지 진행된 적이 없다.

도로 교통에서 위험한 곳은 항상 보행자와 자동차 운전자가 길에서 교차하는 곳이다. 고속 도로 안전을 위한 보험 협회에 따르면, 2009년과 2016년을 비교했을 때 보행자의 사망 사고 건수가 주간에는 20퍼센트 증가하고 야간에는 54퍼센트 증가했다. 사고는 주로 번잡한 도로에서 발생했으며 대부분 빠르게 달리는 차와 관련이 있었다. 사고가 이토록 잦아진 원인을 두고, 보고서 작성자들은 개선된 도로 조명과 밝아진 자동차 전조등의 탓도 없지 않다고 지적했다. 지난 몇 년간 이 두 조명의 밝기와 사고 건수가 나란히 늘어난 것을 고려한다면 빛의 증가가 사고 건수 증가에 일정한 역할을 한 것은 아닌지 의심할 만하다.

　영국의 랜턴 연구자들은 밤에 가로등을 끄거나 불빛을 낮추거나 혹은 백색광 전등을 설치하는 것이 밤 시간에 충돌이 늘어나는 것과는 아무런 연관이 없다고 확신했다.[7] 하지만 밝은 조명으로 눈부심이 발생하는 장소라면 상황은 달라진다. 2010년 베를린의 사고 통계에 따르면, 가로등이나 맞은편 자동차 전조등에서 뻗어 나오는 개별 광점*이 사고 유발자를 눈부시게 만드는 장소에서는 사고 건수가 배로 늘어났다.[8] 흔히 교통안전을 위해 더 밝은 가로등과 더 밝은 전조등의 설치를 요구하지만, 실상은 그런 것들이 명암 대비를 만들어 안전에 위협이 될 수도 있다는 뜻이다.

---

* 크기와 형태가 없이 하나의 점으로 보이는 광원.

강한 명암 대비는 운전자 눈의 암순응을 저해하는데, CIE는 이것이 야간 사고의 주요 원인 중 하나라고 지적한다. 어두운 구역에서 활동할 때 우리의 동공은 열리고 막대 세포는 빛에 민감하게 반응한다. 그러다가 가로등이나 맞은편 자동차에서 뻗어 나온 밝은 광선이 우리 눈에 비치면 그 빛에 맞게 눈의 작동이 바뀌기까지 몇 초가 필요하다. 일단 우리는 밝은 빛을 정면으로 바라보는 것으로 반응을 시작한다. 언뜻 비논리적으로 보이는 이 반응을 해석하려면 우리 망막에 수용체가 어떻게 분포하는지를 알아야 한다.

빛에 민감한 막대 세포는 어두침침할 때도 우리가 볼 수 있도록 주로 망막의 테두리에 분포하는데, 빛에 둔감한 원뿔 세포는 망막 중앙에 훨씬 많이 있다. 그래서 밝은 빛이 옆에서 들어오면 우리는 불쾌하게, 때로는 고통스럽게 느낀다. 우리 눈에서 빛에 민감한 부분이 그쪽으로 향해 있기 때문이다. 우리는 길이나 운전하던 방향이 아니라 광원을 정면으로 응시하게 된다.

그다음 순간에는 빛을 덜 흡수하기 위한 반사 작용으로 동공이 닫힌다. 그리고 빛에 둔감한 원뿔 세포가 빠르게 활성화되어 우리의 눈은 주간 모드, 즉 명순응으로 전환된다. 이제 눈은 빛에 덜 민감하게 된다. 밝은 구역에 머무르는 한, 우리에게는 그 편이 유리하다. 하지만 밝은 광원 뒤에는 꼭 어두운 영역이 드리워져 있는 게 문제다. 예를 들면 우리의 시력이 환하게 불을 밝힌 주유소 뒤로 난 차도나 보도까지는 충분히 미치지 않는다. 몇 초간 우리는 눈이 먼 채 운전하는 셈이다. 심지어 운전을 하는 중에 맞은편에서 극심하게 밝은 빛이 비치면 눈을 꼭 감기도 한다. 이처럼 도로에서 밝은 빛은 전속력으로 달리는 운전자에게 위험 요소가 될 뿐 아니라 보행자와 운전자 모두의 안전에 역작용을 한다.

우리 눈이 눈부심 후에 다시 어둠에 적응하기까지는 훨씬 더 긴 시간이 필요하다. 30분에서 40분이 지나야 암순응 상태가 최대치에 이를 수 있다. 밝은 중심가 도로에서 잠시 곁길로 접어들 때조차, 우리의 눈이 어둠 속에서 제대로 보려면 몇 분이 소요된다. 암순응에 걸리는 시간의 길이는 무엇보다 색온도에 의해 좌우된다. 색온도가 높을수록 눈이 어두운 상태에 적응하는 데 더 오랜 시간이 필요하다.

시력이 제한된 채 운전해야 하는 시간은 2,000켈빈 나트륨증기등이나 앰버 LED등이 비치는 곳을 벗어났을 때보다 4,000켈빈 LED등이 비치는 장소를 벗어났을 때가 훨씬 길다.

많은 운전자가 그런 장소를 벗어나면 마치 어둠 속으로 뛰어드는 것 같은 기분을 느낀다. 이러한 불편함을 감지한 자동차 제조사들은 차에 고성능의 주광색 LED 전조등을 장착하기 시작했다. 덕분에 도로는 정신없이 번쩍대고 보도는 어둠 속에 가려져서 문제는 더 심각해졌다. 그중에서 가장 큰 문제는 전조등이 맞은편이나 앞서 가는 자동차 운전자의 눈을 부시게 만드는 것이다. 바로 그때 보행자가 도로로 내려온다면 운전자가 적시에 이를 알아채지 못할 위험이 커진다.

그리고 선명한 명암 대비로 위험에 빠진 것이 지정된 교차로에서 서 있는 보행자만은 아니다. 혹시 어두울 때 이동하게 되면 당신 주위를 둘러싼 빛이 어디에서 오는지를 자세히 살펴라. 그렇다! 그 빛은 차도에서 나온다. 전조등을 밝힌 자동차와 고성능 조명으로 무장한 자전거가 그 위를 달린다. 그리고 보도에는 그림자가 드리운다. 다른 도로 이용자들과 달리 보행자는 아무런 조명도 없이 그저 어둠과 한 덩어리가 되어 걷는다. 거기에 가로등 불빛이 나무로 스며들거나 나무 아래에 전등이라도 하나 걸려 있으면 명암 대비를 보여 주는 완벽한 모델이 성립한다.

도로를 달리는 자동차 운전자의 눈은 더 높은 조명도에 적응돼 있다. 그 때문에 보행자가 도로에 나타나는 걸 못 보고 지나치기 쉽다. 그러므로 밤에 길을 걸을 때는 밝고 눈에 잘 띄는 색의 옷을 입는 것이 당신의 생명을 구하는 데 도움이 된다.

이 사실을 아는 누군가는 보도도 도로와 비슷한 밝기로 밝혀서 강한 명암 대비를 상쇄하자고 주장할 수 있다. 하지만 그러기 위해서는 지자체가 어마어마한 비용을 감당해야 할 것이다. 그보다는 인간의 눈에 적합한 광학 기술을 조명에 장착하는 편이 합리적이다. LED 앞에 렌즈를 붙여서 원하는 도로 영역으로만 빛이 향하게 설정하는 기술이다. 이 광학 기술을 적용하면 LED의 빛이 도로 이용자들의 눈을 직접 비추지 않게 되어 눈부심 현상이 줄어든다.

시골 도로에서 흔히 경험하게 되는 빈번한 명암 교차는 우리 눈을 극도로 피곤하게 만든다. 이 문제를 완화하기 위해 유럽연합 규격은 가로등 불빛을 가급적 균일하게 조절할 것을 권장한다. 하지만 가로등 기술자이자 전문가인 루디 자이브트 Rudi Seibt의 설명에 따르면, LED로 균일한 빛을 구현하기란 사실상 어려운 일이다. 2019년 현재 기준에서 LED 조명은 광학 기술상의 이유로 기존의 수은증기등이나 나트륨증기등보다 빛의 도달 범위가 짧다. 그런데 가로등을 LED로 재정비할 때 비용 문제 때문에 전봇대는 대부분 예전 것을 그대로 사용한다. 그 결과 가로등 간의 거리가 너무 멀어서 빛이 균일하게 비치지 않게 된다. 그렇다고 기존 전봇대들 사이에 새로 전봇대를 넣기에는 그 간격이 너무 좁다. LED로 가로등을 재정비한 후 가로등 아래는 훨씬 밝아졌지만 가로등과 가로등 사이는 예전보다 더 캄캄해졌다.

하지만 유럽연합 규격이 정하는 것은 도로 조명도의 평균값이다. 그 기준에 맞추자 가로등 바로 아래의 조명도는 지나치게 높아졌다. 그래야 가로등과 가로등 사이 공간에서 규격에 적합한 조명도에 도달할 수 있기 때문이다. 실제로 중간 지점에서 규격이 정한 3럭스에 맞추려면 가로등 바로 아래에서는 69럭스가량이 나와야 한다. 이는 야간 통행량이 거의 없는 헤센주의 한 소도시 주택가에서 측정한 값이다. 그로 인해 생겨난 얼룩덜룩한 광선 줄무늬는 모든 도로 이용자의 눈에 부정적으로 작용한다. 하지만 앞서 말한 광학 기술로 가로등 불빛을 보정하는 지자체는 거의 없다.

빛이 균일하게 드리워진 도로라 할지라도 너무 밝으면 문제가 된다. 지금까지 독일과 오스트리아, 스위스는 도로를 대부분 10럭스 이하의 조명으로 밝혀 왔다. 소도시들은 수십 년간 2~5럭스가량만으로도, 심지어는 조명이 없이도 잘 유지되었다. 우리 눈은 그 정도 밝기에서 박명시를 한다. 빛에 민감한 막대 세포와 색깔을 식별할 수 있게 하는 원뿔 세포를 혼합하여 보는 것이다.

박명시 영역에서 볼 때 우리 시각의 민감도는 색깔에 따라 달라진다. 가장 잘 보이는 것은 초록색이다. 즉, 기계적으로는 똑같이 10럭스로 측정된다 할지라도 우리에게는 녹색광이 적색광이나 청색광보다 더 밝아 보인다는 뜻이다. 동일한 조명도에서 색온도가 각각 다른 조명 세 개(4,000켈빈·3,000켈빈·1,800켈빈)를 서로 비교해 보면, 우리에게는 1,800켈빈이 제일 어두워 보이고 4,000켈빈이 제일 밝아 보인다. 그러므로 어떤 도시가 2,000켈빈 나트륨증기등을 4,000켈빈 LED등으로 재정비할 때에는 색온도를 고려해 조명도를 훨씬 낮게 조절해야 한다.

독일 오스나브뤼크에 사는 천문학자 안드레아스 헤넬Andreas

Hänel은 가로등 재정비 사업이 일으킨 변화를 기록했다. 그가 사는 도시의 번화가 도로 가로등이 25럭스 나트륨증기등에서 19럭스인 4,000켈빈 LED등으로 교체되었다. 밤 10시 30분부터는 조명도를 9럭스로 더 낮추었다. 그럼에도 밤거리는 예전보다 더 밝아졌다.

이미 영국과 미국에서는 우리가 빛의 파장을 인지하는 방식에 관한 지식들이 조명 규격에 적용되고 있다. 반면, 독일은 아직까지도 조명도를 낮춰도 되는가에 대한 토론 단계에 머물러 있다.

우리가 색깔을 구분하는 데 설치된 조명이 도움이 된다면, 이는 도로 안전을 지키는 데도 효과적이라고 볼 수 있다. 조명의 색연성이 좋으면 도로에 놓인 장애물을 일찌감치 알아볼 수 있기 때문이다. 전반적으로는 색온도가 높을수록 색연성이 좋다고 여겨진다. 그런 이유에서 색감 전달이 부자연스러운 나트륨증기등과 앰버 LED는 가로등으로 부적격 판정을 받을 때가 많다. 나트륨증기등을 흰 바탕에 비추면 노란색으로 보이기 때문이다. 색연성 면에서는 3,000켈빈 LED가 우수한 평가를 받아 왔다. 중국 교육부 연구 결과에 따르면, 색온도가 그 이상이라고 해서 색연성이 딱히 더 나아지진 않았다.[9] 그러나 우리의 기술 개발에는 끝이 없다. 현재는 색온도가 상대적으로 낮으면서도 색연성은 우수한 2,200켈빈 LED와 앰버 LED에 청색광을 소량 혼합하여 색연성을 개선한 상품이 시장에 나와 있다.

색온도를 조절한 LED가 청색광 비중이 높은 4,000켈빈 LED에 비해 갖는 엄청난 장점이 한 가지 있다. 파장이 짧은 광선은 대기 중에 심하게 산란되어 스카이글로의 원인이 되고, 교통안전에 유해한 영향을 미친다. 4,000켈빈 LED는 비가 오거나 안개가 낄 때 3,000켈빈보다 훨씬 심하게 산란되기 때문이다. 빛이 대기 중에 산란되면 정작 바닥까지, 즉 장애물과 도로까지 미치는 빛이 줄어들어서 운전자와 보행자 모두가 앞을 보기 힘들어진다. 영국에서 유달리 나트륨증기등을 선호하는 데는 그만한 이유가 있다. 나트륨증기등의 주황색 빛은 안개가 끼거나 흐린 날 시야를 확보하는 데 훨씬 우수하기 때문이다.10

훌륭한 가로등을 설계하고 정비하는 일에는 이처럼 고려해야 할 점이 많으므로 결코 간단한 작업이 아니다. 여기에 빛 공해라는 주제까지 함께 고민해야 한다면 문제는 더 복잡해진다. 하지만 다행히도 현대 기술이 도로를 안전하게 밝히면서도 에너지 소비와 빛 공해를 줄일 가능성을 찾아냈다. 문제는 우리가 그 가능성에 대해 얼마나 알고 있느냐 하는 것이다.

뮌헨에서 일하는 루디 자이브트는 시민들에게 정확한 정보를 제공하는 일의 필요성을 깨달음과 동시에 가로등 재정을 지원하는 기준의 허점도 발견했다. 빛이 더 균일하게 비치도록 보장하기 위해서는 전등을 교체하고 전봇대를 신설하는 데도 지원금이 지급돼야 한다. LED등을 달려면 전봇대의 높이를 낮추는 것이 합리적이다. 기존의 전봇대는 높은 조명도의 전등에 맞춰 설치되었기 때문이다. 전봇대를 그대로 쓰면 에너지 소비와 빛 공해가 동시에 증가한다. 루디 자이브트는 또한 도로 너머도 고려 대상이 돼야 한다고 생각한다. 필요한 빛의 양을 산정할 때 가로등뿐만 아니라 쇼윈도나 자동차 전조등 불빛까지 합산해야 한다는 게 그의 주장이다. 그렇게 하면 모든 광원에 소비되는 에너지를 아낄 수 있을 것이다.

동적 조명을 설치하면 환경에 좀 더 도움이 될 수 있다. LED는 필요에 따라 재빨리 끄고 켤 수 있다. 필요하지 않을 때는 아주 흐릿하게 줄여 놓을 수도 있다. 이는 특정 시간대에 약한 빛을 비출 수 있고 필요에 맞는 조명을 구현할 수도 있다. 그 바탕에는 기본적으로 불을 덜 켜자는 생각이 깔려 있다. 누군가 거리에서 움직일 때만 좀 더 환하게 밝히자는 것이다. 어떤 시스템은 자동차와 자전거, 보행자를 구분하는 수준까지 발전돼 있다. 움직이는 동안에는 계속 빛이 비치므로 정작 도로 이용자는 센서에 의해 전등이 껐다 켜지는 걸 눈치채지 못할 수도 있다. 그러다가 일정 시각, 예를 들면 밤 11시 이후부터는 완전히 소등되게 설정할 수 있다. 이러한 프로그래밍은 계절에 맞춰, 심지어는 기후 환경에 맞춰 달리할 수 있다.

네덜란드의 도시 네이메헌에 설치된 조명 장치가 그런 것이다. 자동차가 다가오면 조명도가 자동으로 올라가고 습한 날씨에는 건조한 날보다 빛이 더 강해진다. 이 장치를 통해 소모 전력이 절감되었고 눈부심도 감소했다.

무엇보다 LED등은 빛의 색깔을 바꿀 수 있다는 장점이 있다. 지금까지는 실내에서 생물학적 일주기 리듬을 유지하는 데 도움을 주거나 아늑한 분위기를 내는 데 쓰였던 이 기술이 점차 가로등에도 적용되기 시작했다. 가로등도 저녁이 무르익음에 따라 좀 더 따뜻한 온도의 빛을 낼 수 있게 된 것이다. 도로 이용자들의 눈이 좀 더 편안해지고 환경에 미치는 영향도 줄어든다.

이처럼 가로등을 LED등으로 교체하더라도 좀 더 환경친화적인 방향으로, 개별 환경에 맞춰 유연하게 구현할 가능성이 다양하게 존재한다. 하지만 현장에서는 그 가능성이 제대로 활용되지 못한다. 지자체에게 무엇보다 중요한 것은 비용이기 때문이다. 동적 조명은 설치하는 데 돈이 많이 드는데, LED 자체가 워낙 에너지 효율이 높아 전기세를 아껴서 설치비를 상쇄할 수가 없다. 동작 감지기를 다는 데는 보조금이 지원되지도 않는다.

더군다나 공공 조명의 설계는 대부분 전력 회사들이 맡는다. 그런데 그들에게는 조명 기술의 발전을 총체적으로 조망할 전문 지식이 부족하다. 그래서 나트륨증기등이나 수은증기등과는 성질이 전혀 다른 LED등을 기존 방식대로 설치하는 경우가 일반적이다. 그렇게 잘못 설치된 전등은 눈부심을 일으킨다. LED의 장점이 오히려 파괴적인 단점이 된 것이다.

또 다른 곳에서는 기술 발달이 과도한 조명 설치로 이어지기도 한다. 예전에는 2럭스로 밝혔던 어떤 한적한 주택가에 보행자가 지나갈 때마다 조도가 올라가는 새로운 기술이 적용되면서 밤에도 밝기가 20럭스까지 올라가게 되었다. 기술이 비용 낭비와 빛 공해를 유발하는 비합리적인 방향으로 잘못 쓰인 사례다.

그렇다면 과연 거리를 안전하게 만들기 위해 필요한 빛은 어느 정도일까? 이에 대한 명쾌한 해답은 아직까지 내려지지 않았다. 하지만 조명도를 필요에 맞추는 게 좋다는 의견이 우세하다. 우리의 도시들도 도처에 4,000켈빈 LED를 설치하여 대낮처럼 비출 게 아니라, 조명의 전체적인 세기는 낮추면서도 균일한 밝기를 내도록 조정해야 한다. 기준치가 규격으로 제시돼 있다. 하지만 이것이 최저치로 이해되어 몇 배씩 초과하는 일은 없어야 한다.

우리의 경험은 적은 빛만으로도 도로 안전을 충분히 지킬 수 있다고, 심지어는 도로 안전을 위해서는 빛이 적을수록 좋다고 말한다. 필요한 것은 과도한 명암 대비와 눈부심을 방지하는 것이다. 또한 다른 광원의 밝기를 규제하는 것도 중요하다. 눈부심을 유발하는 LED 광원이 가로등만은 아니기 때문이다. 전광판도 가로등 못지않게 눈부심을 일으키는 데 큰 몫을 한다.

나는 베를린 도시 고속 도로를 타고 달리는 중이었다. 저녁 8시가 되자 고속 도로는 여느 때와 다름없이 노란색 나트륨증 기등으로 밝혀졌다. 그런데 나도 모르게 시선이 전방을 벗어나 몇백 미터 떨어진 곳에 우뚝 솟은 거대한 LED 전광판으로 향했다.

저녁에 이곳을 지나갈 때마다 구태여 여기에 광고판을 세워야 할 이유가 있었을까를 자문하게 된다. 내 눈에 보이는 건 그저 밝은 청색광뿐이다. 그림은 말할 것도 없고 글씨도 눈에 들어오지 않는다. 전광판이 너무 눈부시기 때문이다. 나는 시선을 떼어 다시금 교통 상황에 집중하려고, 눈이 부서서 앞이 안 보이는 상황을 피하려고 애썼다. 그 노력이 항상 성공하는 것은 아니다.

빛나는 광고판

어둠이 내린 후에도 광고업계는 도로 이용자들을 향한 구애를 멈추지 않는다. 불이 들어오는 커다란 간판은 이미 오래전부터 우리 도시 풍경의 일부가 되었다. 효율을 높인 LED 기술 덕분에 광고판에 불을 밝히는 비용도 저렴해졌다. 이는 LED 전광판이 더 자주 쓰이는 결과를 낳았고, 전광판이 더 크고 더 밝아지고 그 안의 화면도 더 빨리, 더 다채롭게 바뀌도록 만들었다. 광고 예산이 많지 않은 회사들도 회사의 이름이 적힌 간판이나 쇼윈도를 밤새도록 밝힐 수 있게 되었다. 광고판의 경쟁은 점점 가열되고, 그중 어느 것도 사람들의 시선에서 소외되길 원치 않는다. 그런데 광고판이 새벽 3시에, 일부 주민들 외에는 아무도 보지 않는 빈 공터에서도 이렇게 밝아야 할까? 혹시 불을 끄면 안 되는 걸까?

2013년, 프랑스는 새벽 1시 이후로는 건물 외벽과 쇼윈도의 조명을 끄도록 강제하는 법률을 제정했다. 독일에는 그런 법이 없다. 하지만 베를린 밤거리를 다니다 보면, 완전한 자유를 일임 받은 광고 매체들도 한밤중에는 스위치를 내린다는 사실을 알 수 있다.

베를린 공과대학교 연구팀은 저속 촬영한 동영상 3건을 바탕으로 베를린에서 가장 밝은 알렉산더 광장과 포츠담 광장의 조명이 밤 사이에 어떻게 변하는지를 관찰했다. 그 결과, 한밤중에는 두 광장 모두에서 광고판과 상가 조명의 3분의 1이 감소한 것으로 나타났다. 자율에 따른 선택이었다.11 자연을 보호하고 이웃을 배려하기 위해서 광고판 불을 끈 것은 아니었다. 광고는 누군가 그것을 볼 때에만 가치가 있다. 그러므로 대중의 통행이 거의 없는 시간대에 광고판을 밝히느라 전기를 쓰고 비용을 발생시킬 이유가 없다.

베를린 공과대학교의 조지앙 마이어는 야간 소등을 법으로 규정하는 것이 합당하다고 여긴다. 모두가 절약을 최우선으로 하는 것은 아니고, 장소에 따라 일종의 경쟁 구도가 생겨서 불을 밝혀야 하는 경우가 있기 때문이다. 경쟁사가 간판 불을 켜 놓으면 나도 그래야 하지 않겠는가? 조지앙 마이어는 야간 소등을 법으로 정하면 경쟁을 완화할 수 있고, 비용 때문이든 자연 보호 때문이든 밤에 스위치를 내리는 사람들에게 경제적 지원을 할 수도 있다고 생각한다. 그녀는 베를린에서 밤 문화가 가장 왕성한 장소에서도 야간에는 빛이 줄어드는 현상을 보면서 이 사회가 야간 소등을 받아들일 준비가 되었다고 판단한다.

하지만 애석하게도 규제가 있다고 항상 준수되는 것은 아니다. 오스트리아 빈 시청 교통안전과에서 일하는 프란츠 로트 Franz Roth는 그런 사례들을 모아 책 한 권을 쓸 수 있을 정도다. 그의 업무 중 하나는 전광판과 건물 조명을 시험·허가하고, 필요할 때면 이미 설치된 조명이 규제 범위 내에서 작동하고 있는지를 점검하는 것이다. 이 일에 관한 한 독일보다 훨씬 엄격한 오스트리아는 이른바 '교통에 유해한 시각 정보 전달 매체'를 이웃 보호와 교통안전 차원에서 규제한다. 기존의 가로등도 예외는 아니라서 이에 맞춰 보정해야 한다.

도로 이용자가 전광판 때문에 주의가 산만해지거나 눈이 부시는 상황을 막기 위해서, 달리는 자동차의 시야 범위 내에는 동영상 광고나 빠르게 바뀌는 화면의 설치가 금지되었다. 전광판과 쇼윈도의 밝기에 대한 규정도 엄격하다. 허용 밝기는 전광판의 크기와 주변 조명 환경에 따라 다르지만, 밝은 가로등 아래에서도 제곱미터당 250칸델라를 넘어서는 안 된다. 그 정도 밝기에도 하얗게 빛나는 거대한 노트북 모니터를 보는 기분이 든다. 안드레아스 헤넬에게는 이마저도 너무 밝다. 그가 제안하는 밝기의 마지노선은 제곱미터당 100칸델라다. 이는 대부분의 노트북 화면에서 설정 가능한 가장 낮은 밝기에 해당한다.

독일에서는 개인이 설치한 조명에 대한 불만을 가지는 경우 기준으로 삼을 수 있는 것이 LAI가 정한 한계치뿐이지만, 오스트리아에서는 모든 조명이, 심지어는 작은 소매점 간판도 허가를 받아야 하고 규정을 준수해야 한다. 그런데 대부분의 자영업자가 이에 무지하거나 무관심하다. 전광판을 설치하는 조명회사들은 고객이 원하면 규정치를 간단히 무시한다.

그 결과 밝기가 제곱미터당 900칸델라인 전광판이 설치된 적도 있다. 말 그대로 정오의 태양처럼 빛나는 광고판이다. 누군가가 전광판이 너무 밝다고 신고하면 며칠 안에 시청이 개입해야만 한다. 시 당국은 이 문제를 처리할 다양한 법적 수단을 갖고 있지만 문제를 해결하기 위해 그 모든 수단을 다 동원해야 할 때도 적지 않다.

프란츠 로트가 개인적으로 경험한 '끝판왕'은 어느 약국의 초록색 간판이다. 밤에도 밝기가 제곱미터당 6,000칸델라를 넘어섰다. 그 빛줄기가 그린 얼룩말 무늬가 주변 버스 정류장까지 드리워져서 그곳을 지나가는 운전자들을 눈부시게 만들었다.

전광판은 교차로 신호등도 위협한다. 프란츠 로트는 전광판 불빛이 신호등 위로 비치면 신호를 잘못 보게 될 수도 있다고 경고한다. 바로 그런 이유에서 신호등 바로 옆이나 뒤에는 아예 LED 전광판을 허가하지 않는다.

운전자는 물론 주민들도 이러한 규정에 의해 보호받는다. 주거지는 붐비는 도로 옆과는 다른 한계 값이 적용되긴 하지만, 오스트리아 표준 규격 1052는 모든 시민에게 너무 밝은 환경으로부터 보호받을 권리를 보장한다.

프란츠 로트에게 원래 이 일은 교통안전에 관련한 업무 중 하나에 불과했지만, 최근 들어서는 업무 시간 전부를 이 일에 쏟아야 할 정도다. 허가하고 점검해야 할 전광판의 숫자가 날로 증가하기 때문이다. 그는 안과 의사, 법률 전문가 등과 수년간 함께 일해 온 경험을 바탕으로 '조명 산업의 윤리'를 제정하려 한다. 잘못 사용된 빛이 삶의 질을 떨어뜨리고 교통안전을 방해하거나 심지어는 위험 요소가 될 수도 있다는 사실을 생산자들에게 알려서 규정과 법률을 책임 있게 준수하길 호소하려는 목적에서다. 그는 교육과 홍보, 규제를 적절히 사용하면 전광판이 서로 경쟁하듯 빛을 뿜어내는 상황을 막아 낼 수 있다고 생각한다. "교통사고의 공범이 되는 전광판을 막자." 그가 이 일을 하며 외치는 구호다.

위로 뻗은 기다란 광선 손가락은 탐색하듯 하늘 이곳저곳을 누볐다. 작은 보트 한 척이 환하게 불을 밝힌 채 슈프레강을 따라 베를린 돔을 지나갔다. 조명 효과는 돔 외벽을 가로지르며 건축물에 스포트라이트를 비췄다가 사라지고 다시 새로운 모습을 드러내길 반복했다. 백색광에 서서히 청색광과 적색광이 섞였다. 내 곁을 지나가는 연인 한 쌍의 머리카락 위에도 LED 줄무늬가 드리웠다. 그들은 눈앞의 장관에 혼이 빠진 듯 보였다.

나는 조용히 있고 싶은 마음에 겐다르멘마르크트 쪽으로 발길을 돌렸다. 운터 덴 린덴 거리의 가로수가 형형색색으로 빛났다. 그곳에는 코트 자락으로 얼굴을 덮은 빛의 형체가 미동도 없이 서 있었다.

빛과 예술

빛을 활용한 예술, 즉 라이트 아트light art는 사람들을 매료시킨다. 전조등은 건물의 외벽을 캔버스로 쓰는 걸로 모자라, 하늘에도 환상적인 그림을 그려 낸다. 밤은 정말 특별한 마법으로 채워지고 관중들은 빛과 어둠이 빚어내는 마법에 넋을 잃는다. 예술이야말로 사람들이 빛에서 느끼는 매력을 표현하기에 최적인 분야다. 현란하고 현대적인 스펙터클에서 차분하고 신비로운 설치물까지, 모든 것이 가능해 보인다.

점점 더 많은 도시가 빛 축제를 계획하는 것도 당연하다. 이

러한 행사가 최근 유행도 아니다. 에디슨이 백열전구를 시장에
내놓은 지 불과 14년 후인 1893년에 시카고는 만국 박람회를
통해 빛나는 백색 도시를 자처했다.

　이런 축제가 아니라도 조명 설치물은 도시 풍경의 중요한
부분을 차지한다. 온라인과 오프라인 할 것 없이 여행 가이드
에는 불을 밝힌 고층 빌딩과 다리 사진이 빠지지 않는다. 홍콩
에서는 해가 져도 어둠이 내릴 새가 없다. 곧장 LED와 레이저
로 스카이라인을 비추는 쇼가 열리기 때문이다.

　LED와 컴퓨터 제어 기술은 조명 설치물에도 새로운 가능
성을 열었다. LED는 설치가 쉬워서 부피가 큰 할로겐 조명보
다 훨씬 간단하게 건물에 장착할 수 있다. 기호에 따라 어떤 색
으로든 바꿀 수도 있다. 컴퓨터 기술은 형태와 화면 변화, 효과
등 모든 면에서 무한한 창의력을 발휘할 수 있도록 판을 깔아
주었다. 눈 깜짝할 새에 레이저 광학으로 3D 효과를 더한 고전
세밀화가 베를린 돔 외벽에 그려진다. LED의 향상된 에너지
효율 덕분에 조명은 더 자주, 더 오랫동안 쓰일 수 있게 되었다.
라이트 아티스트에게는 오랫동안 꿈꿔 온 창의적 세계를 빛으
로 형상화할 수 있는 기회가 열린 것이다.

　작은 지자체도 새로운 기술적 가능성의 수혜자다. 예전에는
시청사 실외 조명으로 주로 400와트 조명이 사용됐으나 이제
는 120와트 LED 스포트라이트만으로도 충분하다. 조명을 한
개 이상 사용하는 곳이라면 어디나 장비 교체로 엄청난 비용을

아낄 수 있다. 그 때문에 유적이나 광장 혹은 공공건물에 조명을 비추지 말자는 논의가 지역 사회에서 설 자리를 잃었다.

빛이 우리 도시에 광채와 마법을 선사한다는 점에는 이론의 여지가 없다. 하지만 예술적으로 투입되는 빛이라 할지라도 어두운 면은 있다. 역사적 장소에 너무 많은 빛이 투입되면 오히려 그 특유의 분위기를 해치는 단점으로 작용한다. 로마 구시가지가 대표적이다.

로마시는 에너지를 아끼기 위해 2017년부터 조명 18만 5,000개를 LED로 교체하기 시작했다. 시는 이 교체 작업으로 향후 10년간 2억 6,000만 유로를 절감하게 될 것으로 기대했지만, 주민들 모두가 이 계획을 환영하는 것은 아니었다. 지역 정치인인 나탈리 나임Natalie Naim은 〈텔레그래프Telegraph〉 기자에게 로마의 역사 지구가 조명 재정비 이후 마치 시체 보관소처럼 보인다고 말했다. 유명한 여행 가이드인 엘리자베스 민칠리Elizabeth Minchilli 역시 로마의 근사한 분위기가 사라졌다고 비판했다. 그녀는 마치 촛불을 켠 식탁에서 만찬을 즐기다가 슈퍼마켓에서 냉동식품을 사다 데워 먹게 된 기분이라고 설명했다.

폴란드 그단스크대학교의 조교수이자 조명 디자이너인 카롤리나 치린스카다브코프스카Karolina Zielinska-Dabkowska는 로마시가 새로운 조명을 설치하면서 역사적 장소에 대한 센스 있는 배려를 놓쳤다고 생각한다. 그녀는 변화된 로마의 인상을 과도한 빛, 과도한 눈부심, 균일하지 못한 빛 분배, 부적절한 빛 온도, 열악한 색연성, 좋은 조명에 대한 기본 원칙의 부재 등으로 묘사했다. 그래서 그녀는 조명 설계에 대한 인식 전환이 필요하다고 말한다. 더 밝고 더 현란한 빛이 아니라 더 건강하고 생태적인 해법이 필요하다는 것이, 더불어 어둠을 위한 자리가 허용돼야 한다는 것이 그녀의 주장이다. 그녀는 사람들이 길을 바로 찾도록 도와주고 안정감과 행복감을 느끼도록 하는 데 도시 조명의 의의가 있다고 말한다. 그러기 위해서는 가급적 청색광이 적게 들어간 빛을 사용해야 한다. 인간의 몸은 수백만 년에 걸쳐 불에서 나오는 따뜻하고 균일한 빛에 길들여졌다. 그런 까닭에 우리는 LED와 네온의 이글대는 빛이 아니라, 따뜻한 색의 균일한 빛에서 안정감을 얻고 편안하다고 느낀다.

그녀는 조명 디자인의 적절한 기준이 사라진 우리 도시의 상황을 우려 섞인 눈길로 관찰하고 있다. 고층 빌딩 조명들 사이에서는 말 그대로 장비 경쟁이 벌어지는 중이다. 조명은 저마다 더 밝은 빛을 비추려 하고, 건물은 LED 쇼를 위한 캔버스가 되었다.

전문적으로 조명을 다루는 사람들이 빛 공해를 모르는 바는 아니다. 베를린의 조명 설계자인 에타 다네만Etta Dannemann은 조지앙 마이어, 노나 슐테뢰메르Nona Schulte-Römer와 함께 전 세계 조명 전문가들을 대상으로 설문 조사를 진행했다. 그 결과, 그들 중 대부분이 자연과 인간, 별하늘에 미치는 조명의 유해한 영향에 대해 고민하고 있는 것으로 나타났다. 그러나 밤 보호 운동가들의 요구는 조명 예술의 기본 원칙과 충돌할 때가 많다. 건물의 아랫부분에만 빛을 비추는 것은 미학적으로 그리 바람직하지 않게 여겨진다. 빛이 절대 하늘로 향해 비쳐서는 안 된다는 요구도 디자이너들 입장에서는 어려운 요구다. 불빛이 아래로 향하는 조명만 허용된다면 역사적 건축물이나 유적지에는 아예 조명을 설치할 수 없는 곳이 늘어난다.

고객을 응대하는 일도 문제다. 베를린의 한 조명 설계자는 상황의 어려움을 이렇게 토로했다. "나는 해마다 150여 건의 작업을 설계하는데, 그때마다 조명이 이웃을 방해하지 않을까를 고민한다. 하지만 고객이 자기 집을 환하게 밝히겠다고 마음먹었을 때 내가 할 수 있는 일은 그들이 원하는 대로 해 주거나 아니면 그들이 경쟁업체로 가는 것을 지켜보거나 둘 중 하나다."

아예 전문가를 찾지 않는 고객들도 많다. 자기가 직접 조명을 달거나 기술적 경험은 있지만 조형적 경험은 없는 전기 기술자를 찾는다. 이런 식으로 잘못 고안되거나 이웃에게 피해를 끼치는 조명 설치의 사례가, 무엇보다 농촌 지역에서 산더미처럼 늘어나는 실정이다. 이제는 작은 지역 모임이나 개인도 어렵지 않게 고성능 LED등을 구할 수 있다. 밤새 실외 조명을 켜는 교회가 늘어나는 게 그 대표적 결과다. 슬로베니아 출신의 밤 보호 운동가인 안드레 모하어Andre Mohar는 동방박사교회가 처한 상황을 전 세계에 알렸다. 인근 촌락과 멀리 떨어져 상대적으로 어두운 지역에 세워진 이 교회가 밝힌 환한 조명은 위성 사진으로도 식별이 가능하다. 교회 주변 3제곱킬로미터가 덩달아 밝아졌을 정도다. 이것이 이 교회만의 문제는 아니다.

이 문제를 해결할 가장 이상적인 해법은 교회 조명을 모두 다 꺼 버리는 것이다. 불을 켜지 않아야 박쥐가 은신하기에도 좋다. 혹시 교회에 박쥐가 살지 않는다면 저녁에만 몇 시간씩 불을 밝히는 것으로 소기의 목적을 달성할 수 있을 것이다. 동네 교회가 새벽 3시에 환하게 빛나야 할 이유가 무엇인가? 스위치를 내릴 결정을 하지 못한다면, 고보gobo 프로젝터 같은 장치를 사용해 빛 공해를 가능한 한 적게 일으키려는 노력이라도 해야 한다. 고보는 조명에 스텐실을 달아 빛이 오로지 외벽으로 떨어지게 하는 장치다. 그러면 주변으로 방사되는 빛을 거의 막을 수 있다.

별빛도시 풀다의 돔은 고보 프로젝터를 설치한 모범 사례다. 빛이 하늘로 방사되지 않고, 외벽 조명이 한층 단아해져서 건물을 더 입체적으로 보이게 한다.

북오스트리아의 모범 지자체 키르히슐라그 또한 고보 프로젝터로 마을 교회를 비추고 있다. 이전에는 빛이 사방을 환하게 비추었으나 지금은 교회 건물의 건축 구조가 각광을 받는 동안에도 인근 주택가는 어둠에 잠겨 있다. 그리고 밤 11시가 되면 모든 빛이 사라진다.

최근 슬로베니아의 동방박사교회에도 이 프로젝터가 장착되었고, 더는 위성 사진에서 도드라지게 나타나지 않게 되었다. 조명의 휘도를 제곱미터당 7칸델라에서 5칸델라로 조정하자 에너지 소비가 96퍼센트나 줄어들었다.[12] 구경꾼 입장에서 제일 좋은 점은 따뜻한 조명 아래에서 외벽을 한층 자세히 볼 수 있다는 것이다.

핀란드 출신의 조명 디자이너 율리 옥사넨Julle Oksanen은 그녀의 말에 따르면 '어둠 디자이너'다. 그녀는 이미 오래전부터 조명 디자이너란 호칭이 거슬렸다. 조명 디자이너 혹은 조명 설계자 같은 직업이 제대로 규정된 바가 없기 때문이다. 조명 디자인에는 정규적인 직업 훈련 과정이 없다. 그녀는 대학 건축과 수업에서 2시간 정도 조명 디자인에 관해 들은 것이 교육의 전부였다고 말한다. 그마저도 기술적 기초에 관한 것이었다. 다채로운 색깔과 과도한 밝기로 불을 밝힌 건물 외벽들은 제대로 된 직업 교육이 부족한 결과다.

율리 옥사넨은 "간결한 것이 아름답다"는 말을 지지한다. 그녀는 내게 레스토랑과 상점으로 둘러싸인 핀란드의 광장 사진 한 장을 내밀었다. 조명 가이드라인에 따르면 200럭스의 빛이 지배했어야 할 공간이다. 하지만 그녀는 광장의 조명도를 11럭스, 장소에 따라서는 2럭스까지 낮추어 설계했다. 지금 그 광장을 둘러싼 어둠의 띠는 현대적 건물을 따라 인접한 피오르로 이어진다. 그 결과 광장은 눈에 거슬리는 광점이 없으며 따뜻하고 안락한 공간이 되었다.

이 어둠 디자이너는 건물을 주변 환경과 같은 맥락에 넣는 것을 중요하게 여긴다. 그래서 주변 광원 없이 외따로 서 있는 교회에는 아주 낮은 밝기의 외벽 조명을 설치한다. 빛이 아주 조금만 비쳐야 어둠에 적응한 눈이 환하면서도 편안하게 받아들이기 때문이다.

"눈부심은 빛의 가장 큰 적이고, 그림자는 가장 좋은 친구다." 그녀의 접근법은 이 한마디로 요약된다. 그녀는 관습을 탈피한 아이디어로 이를 구현한다. 예를 들면, 고층 빌딩을 밝힐 때 하늘까지 밝히는 외부 조명 대신 실내조명의 일부를 활용한다. 때로는 창문으로 새어 나오는 약간의 불빛만으로도 그 건물이 구경꾼들의 눈에 흥미로운 모델로 포착되기에 충분할 때가 있다.

더 밝은 세상이 마치 더 좋은 세상인 것 마냥 여겨 온 고객들이 인식을 바꾸지 않고서는 그녀의 신념을 따를 수가 없다. 이 문제를 해결하기 위해 율리 옥사넨이 선택한 방법은 정면 돌파다. 그의 디자인에 관심을 갖는 사람들은 먼저 조명 디자인에 관한 교육을 한차례 받아야 한다. 교육을 받은 고객들 대부분은 빛과 그림자 그리고 어둠을 다루는 창의적인 방식으로 국제적 디자인상을 여러 번 수상한 디자이너의 세계에 기꺼이 발을 들인다. 이러한 그녀의 성과는 조명 디자인의 미래가 빛의 양이 아니라 질에 의해 결정되리라는 희망을 품게 한다.

6부
어둠의 가치

"엄마, 별 하나 떴다!" 세 살 난 아들이 들뜬 목소리로 창문 너머를 가리켰다. 정말 나뭇가지들 사이로 별 하나가 반짝이고 있었다. "저기 하나 더 있네." 나는 나지막이 말했다. "별이 두 개야. 멋지다, 엄마!"

별 두 개. 사실 그곳에는 수천 개의 별이 있을 것이다. 하지만 그것들을 다 보기에 베를린의 하늘은 너무 밝다. 그런 점에서 내 딸은 운이 좋은 편이다. 아빠와 함께 헤센 남부 산 중턱에 살고 있는 딸은 별하늘에 마음껏 감탄할 수 있다. 아들은 "별들"이란 말을 수도 없이 되풀이했다. "저기, 그리고 저기, 또 저기. 별들이 이렇게 많아!"

별을 찾아서

나는 빛 공해에 관한 강연을 할 때 청중들에게 한 번이라도 은하수를 본 적이 있는지를 묻는다. 그럴 때 손을 드는 사람들은 대부분 나이가 많다. 아주 오래전에 또는 휴가지에서 봤다는 부연 설명이 뒤따른다. 어린이나 청소년이 손을 드는 경우는 드물다. 2002년 독일 설문 조사 기관인 EMNID의 조사에 따르면, 독일인의 3분의 1가량은 살면서 단 한 번도 은하를 본 적이 없다고 한다. 30세 이하 연령에서는 그 비중이 무려 40퍼센트나 됐다. 그 이후로도 밤하늘은 확실히 더 밝아졌으므로 지금 조사하면 그 숫자가 더 늘어날 것이다. 형편이 이렇다 보니 황도광zodiacal light에 대해서는 아예 물어볼 엄두도 내지 못한다. 황도광은 밤하늘에 그어진 밝게 빛나는 선으로, 그 위에 동물들의 형상을 한 별자리가 놓여 있다. 태양광이 반사되어 나타나는 이 선은 자연 그대로의 맑은 밤하늘에서 뚜렷하게 보인다. 하지만 오늘날 이 선의 존재를 아는 사람은 극소수에 불과하다.

사람들은 별과 우주에 관심이 많다. 〈스타트렉〉과 〈스타워즈〉 같은 SF 스토리에는 전 세계 수백만 명이 열광한다. 하랄트 바르덴하겐Harald Bardenhagen이 아이펠 별빛공원에서 처음으로 별 보기 행사를 열었을 때 450명이 찾아왔다. 그 이후로도 거의 오염되지 않은 밤하늘을 한 번이라도 보길 원하는 호기심 많은 사람들의 행렬이 꾸준히 이어지고 있다. 사람들의 연령과 계층은 다양하다. 참가 동기도 다양하다. 천체나 천문에 대한 관심도 있지만 막연히 낭만적인 광경을 보고자 하는 동경도 그곳을 찾게 하는 데 큰 몫을 한다.

별을 향한 뜨거운 관심을 받는 곳은 아이펠만이 아니다. 뢴 별빛공원의 자비네 프랑크는 해설 프로그램을 신문 광고에 내지 않은지 오래되었다. 광고를 하면 신청이 쇄도해 거절을 너무 많이 해야 하기 때문이다. 빈클무스아름 별빛공원의 마우엘 필립Mauel Philip은 별에 관심이 많은 사람들과 함께 별 아래서 보내는 밤이 집에서 지내는 밤보다 더 많다.

하지만 모든 사람의 집 주변에 별빛공원이 있는 것은 아니다. 그래서 천문학자인 슈테판 발너Stefan Wallner는 천문학에 대한 학생들의 흥미를 돋우기 위해 이동식 천문관을 들고 오스트리아 학교들을 순회한다. 오염되지 않은 별하늘을 본 아이들의 첫 반응은 거의 똑같다. 말을 잃는다. 가상의 우주 공간을 여행한 아이들은 진짜 별을 봐야겠다고 마음을 먹는다. 집 주변에 적당한 장소가 없다면 다음 가족 여행에서라도. 다행히도 오스트리아에서는 그 결심을 어렵지 않게 실행할 수 있다. 대도시만 벗어나면, 슈테판 발너의 표현대로 '수놓인 하늘'이 기다리고 있기 때문이다.

하지만 유럽 전반적으로 어두운 밤하늘이 점점 희귀해져 간다. 파비오 팔치와 그의 동료들이 만든 빛 공해 지도를 보면 이를 실감할 수 있다. 벨기에와 네덜란드와 독일을 잇는 삼각 지대, 런던과 리버풀 사이는 거대한 불빛 덩어리가 되었고 그곳에서는 은하를 볼 기회가 사라졌다. 유럽에서 별자리를 볼 가능성은 더 희박해진다. 스위스 뇌샤텔 지역에 사는 사람들도 자연 상태의 밤하늘을 보려면 1,360킬로미터를 더 가야 한다.

관련해서 자기가 사는 지역의 밤하늘 현황을 알고자 하는 사람에게는 웹 사이트 'www.lightpollutionmap.info'를 추천한다. 구글 지도에서 지역의 밝기 정보를 확인할 수 있다.

독일에는 그동안 베스트하벨란트, 뢴, 아이펠, 빈클무스아름 이렇게 네 곳에 별빛공원이 생겼다. 별빛공원이 아니더라도 어두운 하늘을 지키겠다고 나선 지역들도 많다.

스위스의 간트리슈 자연공원Naturpark Gantrisch도 별빛공원으로 지정되었다. 아직까지 오스트리아에는 별빛공원이 생기지 않았지만 2019년 가을 처음으로 신청서가 제출되었다.

국립 공원을 모르는 사람은 없을 것이다. 자연을 보호하기 위해 지정된 장소로 공원 내에 사는 주민들에게는 다양한 의무가 지워진다. 그런데 동식물 세계의 낮 풍경뿐 아니라 밤하늘의 광경도 보호받을 가치가 있다는 생각이 1980년대 미국에서 처음 생겨났다. 1988년 천문학자 그룹이 창설한 IDA가 밤 보호 운동을 벌이는 가장 큰 조직이다.

IDA가 맡은 일은 별하늘의 가치에 대한 정보를 제공하고 어떻게 하면 우리가 어두운 하늘을 누릴 수 있는지를 고민하는 것이다. 이 일에 특별한 성공을 거둔 장소들은 '어두운 하늘 구역Dark Sky Place'으로 지정된다. 논리적으로 생각하자면 국립 공원처럼 외진 장소가 선정될 것 같지만, 어두운 하늘 구역 제1호는 애리조나주의 소도시인 플래그스태프다. 그랜드 캐니언과 멀지 않은 곳에 위치한 이 도시에서는 심심치 않게 명왕성을 볼 수 있어서 천문학자는 물론 별 관찰을 취미로 하는 사람들 사이에서도 천국으로 꼽힌다. 이 지역에서 밤하늘 보호는 당연한 일로 여겨진다. 별을 더 잘 보고 인간과 자연이 빛 때문에 스트레스 받는 일을 가급적 줄이기 위해서다.

어두운 하늘 구역은 대부분 면적이 넓고 인구 밀도가 낮다.

2007년에는 유타주의 내추럴 브리지스 국립천연기념물^{Natural} Bridges National Monument 일대가 최초의 어두운 하늘 공원으로 지정 되었다. 그곳에서는 낮에는 기묘한 형태의 암벽이, 밤에는 그 위 를 비추는 수천 개의 별이 보는 이들의 숨을 멎게 한다. 위를 올려 다보면 하늘을 가로지르는 은하의 기다란 끈이 보인다.

그동안 어두운 하늘 구역은 전 세계 100곳이 넘게 생겼다. 총면적을 합하면 9만 제곱킬로미터가 넘는다. 심지어 빛 공해 가 다섯 번째로 심한 나라로 꼽히는 한국에도 어두운 하늘 구 역이 있다. 영양 밤하늘 반딧불이 생태공원에서는 별하늘뿐 아 니라 반딧불이가 내는 신비로운 불빛도 경험할 수 있다.

2009년에는 또 다른 단체인 별빛 재단^{Starlight Fundación} 이 생 겨나 별빛 보호에 힘을 보탰다. 천문학자들에 의해 창설된 이 단체는 주로 스페인어권에서 활동을 벌이고 있다. 그들은 지역 뿐만 아니라 호텔, 야영장, 음식점 등도 선정해 별빛 보호 인증 서를 수여한다.

IDA가 어두운 하늘 구역을 선정하게 된 취지는 두 가지다. 하나는, 별을 보기에 적합한 장소를 수월하게 찾도록 돕는 것 이다. 다른 하나는, 자연 그대로의 어둠을 보존하는 데 투신한 사람들의 노고를 인정하는 것이다. 어두운 하늘 구역으로 선정 되는 것은 쉽지 않다. 어두운 하늘 구역의 주민들은 가로등에 관한 특정 규정을 충족시키기 위해 의무를 다해야 한다. 3,000 켈빈 이상의 조명은 절대 사용해선 안 되고 상황마다 최대 조

명도 규정을 준수해야 한다. 밤 시간에는 조명을 또 한 번 낮추
거나 아예 꺼야 한다.

IDA의 목표는 한 지역을 암흑으로 뒤덮는 것이 아니다. 그
들의 요구 사항이 가로등 규정과 상충되는 것도 아니다. 다만,
불필요한 불을 환하게 밝히지 말고 어두운 하늘을 지키자는 것
이다. '어두운 하늘 구역'이란 이름이 뜻하는 그대로다. 그러기
위해서 빛은 바닥에 머물러야 한다. 모든 조명에는 철저하게
가림 장치가 씌워져야 하고 그 어떤 빛도 전등에서 지평선 너
머로 뻗어 나가선 안 된다. 전문 용어로 말하자면, 상향광속률
Upper Light Output Ration, ULOR*이 0이 돼야 한다.

자비네 프랑크와 안드레아스 헤넬은 유네스코 생물권 보전
지역인 륀이 별빛공원으로 선정되도록 무보수로 5,000개가 넘
는 가로등을 측정하고 각각의 위치를 표시했다. 자비네 프랑크
는 30개 이상의 지역 의회, 수많은 시민과 회사 그리고 전력 회
사와 만나 빛 공해의 결과와 별빛공원의 장점을 설명했다. 이
사업을 위해서는 시민들의 동의가 무엇보다 중요하기 때문이
다. 어두운 하늘 보존 프로젝트는 인구 80퍼센트의 동의와 전
체 면적 80퍼센트를 소유한 사람들의 동의를 얻어야 하는 민주
주의적 사업이다.

설득 작업은 녹록지 않았다. 어두운 하늘을 위한 조명이 안

---

* 한 전등에서 위를 향해 방사되는 빛의 비율.

전을 위협할지 모른다는 우려, 도시가 중세 암흑으로 돌아갈지 모른다는 우려가 심심치 않게 발목을 잡았다. 처음에는 자비네 프랑크의 꿈이 현실화되리라고 생각하는 사람이 거의 없었다. 하지만 그녀에게는 에너지 절약과 환경 보호, 별빛 관광이란 확실한 논거가 있었다.

따라서 건강한 상식을 지닌 몇몇 지역 대표들이 동참 의사를 밝혔고, IDA의 요구 사항을 충족하기 위해 대규모로 실외 공공 조명을 업그레이드하는 작업이 일부 지자체에서 시작되었다. 전력 회사들도 프로젝트의 취지에 공감하여 조명 재정비 계획을 도왔다. 그들도 에너지 효율의 차원에서만 상황을 해석하는 게 아니라 빛 공해를 예방하는 데 보탬이 되고자 했다.

2014년 8월, 마침내 IDA로부터 반가운 소식이 전해졌다. 생물권 보전 지역 뢴이 별빛공원으로 선정된 것이다. 그 이후로 뢴 지역 사람들은 단 한 번도 그들의 결정을 후회한 적이 없다. 주민들은 그들의 어두운 하늘을 자랑스럽게 여겼고, 상인들은 자발적으로 상점 조명을 밤에 어울리는 것으로 교체했다. 지역 소재 전력 회사들은 별빛공원 제한 규정에 맞춰서 지자체가 밤 환경에 어울리는 조명을 설치하도록 조언했다. 이 분위기는 인근 지자체로 번져 갔다. 주민 400명이 채 안 되는 질게스에서는 지자체 보조금을 받지 않고 자체 경비로 가로등을 앰버 LED로 재정비했다. '곤충 마을'을 자처한 질게스는 파트타임으로 곤충 보호를 하고 야행성 곤충들이 방해받지 않고 꽃가루 매개자의 임무를 다할 수 있는 환경을 조성하고 있다.

어두운 하늘 구역이 작은 마을과 자연공원에서만 제한적으로 추진되는 것도 아니다. 별빛공원 뢴이 이룬 성과는 인근 도시인 풀다로 옮겨 갔다. 2019년 풀다는 독일 최초의 별빛도시가 되었다. 풀다는 별을 선명하게 보는 데 큰 의미를 두진 않았다. 그보다는 건강한 어둠을 통해 시민들의 삶의 질을 끌어올리는 데 목적이 있었다.

별빛공원으로 선정된 지역이 다른 방식으로 그 노고를 보상받을 때도 있다. 산업 구조가 취약했던 아이펠이 대표적이다. 그곳의 여러 호텔은 별 관찰을 좋아하는 사람들을 위한 특별 패키지를 개발했다. 호텔 뒷마당의 관측 장소, 밤마실을 다녀온 사람들을 위한 늦은 조식, 처음으로 별을 보러 온 사람들을 위한 가이드 등을 서비스에 추가했다. 때 묻지 않은 자연에서 휴가를 보내길 원하는 독일인들이 많아 패키지는 좋은 반응을 얻었다. 그 자연을 밤에도 경험할 수 있는 기회가 사람들의 흥미를 자극해서 낮에만 잠시 들르던 관광객들이 하룻밤 묵는 것으로 일정을 연장했다. 독일의 별하늘은 가을과 겨울에 관측하기 제일 좋은 면을 드러내는 까닭에 손님이 적었던 계절에도 객실이 들어차기 시작했다. 현재는 천문 관광의 대부분이 중남미나 하와이, 카나리아 군도에서 이뤄지고 있다. 거기에 비하면 유럽 중부의 별빛공원들은 현관 앞에서 별을 경험할 수 있는 기회를 제공하는 셈이다. 이는 지역 관광업계를 강화하고 장거리

여행으로 유발되는 환경 오염을 줄이는 데도 도움이 된다.

그런데 별을 향한 이토록 간절한 인간의 열망은 과연 어디서 오는 것일까? 우리 조상들은 별자리에 큰 의미를 부여했다. 별을 읽어서 길을 찾는 기술이 없었더라면 태평양 섬에 정착하거나 사하라를 관통해 무역을 하는 일은 불가능했을 것이다. 오늘날에도 개인적으로나 군사적 항해에서 기술적 결함이 발생하거나 방해 신호가 침범하는 경우에는 별을 통해 장소와 경로를 정하는 방식이 활용된다.

별의 운행을 관찰하는 것은 시간 계산의 시작이기도 했다. 우리의 한 달은 달의 주기를 근거로 한다. 부활절이나 라마단 등 종교적 행사는 여전히 그 주기를 바탕으로 정해진다. 이슬람에서는 새로운 달moon이 시작되는 첫날(히랄Hilal)을 정하는 것에 매우 큰 의미를 둔다. 그런데 이제 막 시작된 얇은 초승달은 달이 지기 전 잠시, 그것도 적도 근처 수평선에서만 볼 수 있다. 말레이시아의 과학자들은 빛 공해가 달 관찰을 방해해서 이슬람 월력에 오류를 일으킬 수 있다는 견해를 내놓았다.[1]

인간이 밤하늘에서 별자리의 질서를 파악하기 시작한 건 아주 오랜 옛날이다. 조상들은 이미 1만 7,000년 전 라스코Lascaux 동굴에서 횃불을 들고 벽에 동물과 인간의 그림을 그렸다. 그들이 별자리도 구성했다. 천문 관측을 위한 최초의 건물은 작센안할트 지방의 고세크에 있는 태양 관측소다. 말뚝 울타리를 세워 만든 이 원 안에서 동지^{冬至}가 정해졌다.

당시에는 하늘을 읽는 기술이 생존에 필수적이었다. 우리 조상들에게 하늘은 맨눈으로도 관찰해서 알아낼 수 있는 신뢰할 만한 달력이었기 때문이다. 예를 들어, 거문고자리가 사라지면 호주 원주민들은 덤불흙무더기새가 알을 낳을 때가 되었음을 떠올린다. 지중해 인근에서는 플레이아데스성단이 가을 우기와 파종 시기를 알려 준다.

작센안할트의 네브라 인근에서 발견된 네브라 스카이 디스크Nebra Sky Disc는 약 4,000년 전에 만들어진 도구로, 별을 기준으로 정확한 계절을 정했다. 32센티미터 크기의 청동판에는 천체의 그림이 그려져 있고 여러 차례에 걸쳐 수정되고 보충된 흔적이 남아 있다.

자연 그대로의 어두운 하늘에 별이 반짝이는 광경은 매우 중요한 문화유산이다. 유네스코도 이를 인정했다. 그래서 유네스코는 유서 깊은 천문대나 네브라 스카이 디스크 같은 천문학에 관한 역사적 유물을 보호하는 것을 넘어, 별하늘 자체를 세계문화유산으로 정했다.

밤하늘에 펼쳐진 광경은 인류에게 길을 찾거나 시간을 측정하는 도구 이상의 의미가 있다. 별하늘은 우주에서 우리의 위치를 찾아보라고 우리를 자극한다. 이미 오래전부터 하늘은 신들의 자리였고, 별자리는 영웅들의 이야기로 풀이되었다. 별과 무관한 신화는 없다. 별은 우리 선조들이 한 집단 혹은 한 민족으로 정체성을 규정하는 데 큰 몫을 했다.

　오늘날 우리가 서구 세계에서 보는 것은 그 본래적 아름다움의 작은 조각일 뿐이다. 문명의 불빛 위를 덮은 지루한 회색 화면밖에 보이지 않는 현재의 밤하늘은 우리를 매혹시키지 못한다. 우리는 땅바닥에 우리들만의 별하늘을 만들고 밤하늘은 인공 불빛으로 장식한다. 2018년 프랑크푸르트는 인공 별자리를 그리는 드론 쇼를 개최했다. 이제 밤하늘은 그 자체로 광고판이 될지도 모른다. 스타트로켓StartRocket이란 회사는 인공위성으로 대기업들의 간판을 하늘에 그릴 계획이다. 이 회사의 홈페이지에는 이런 문구가 적혀 있다. "우주 공간은 아름다워야 한다. 매일 밤 우리의 하늘은 최고의 브랜드로 우리를 놀라게 할 것이다." 진짜 별의 아름다움은 하늘을 비추는 인공조명 뒤로 사라졌고, 많은 사람이 이미 오래전에 본래의 아름다움을 잊어버렸다.

　이런 와중에도 별을 보는 것은 이 세계를 탐구하게 하는 중요한 원동력이다. 슈테판 발너는 이렇게 말한다. "하늘 아래에 빛이 없다면 우리는 누구나 하늘을 올려다보며 질문을 시작할 것이다. 저 위에는 뭐가 있을까? 별은 왜 빛을 낼까? 우주에서 우리가 있는 곳은 어디일까?" 그리고 역사는 그의 말이 옳다고 말한다. 천문학자들은 지구를 그리고 은하계를 조금씩 창조의 중심에서 떼어 놓았고, 마침내 우리가 우주에서 점 같은 존재에 불과하다는 깨달음을 완성했다.

이 깨달음 앞에 두려워하는 사람도 있다. 우리가 얼마나 작고 하찮은 존재인지를 의식하게 만들기 때문이다. 미국 스릴러 소설 작가인 로리 레이더데이Lori Rader-Day의 신작 소설에는 여주인공이 별빛공원에서 어둠의 공포와 맞서는 이야기가 나온다. 그녀는 결국 새로운 친구들의 도움을 받아 자기 내면에서 강인함을 발견하게 된다.

로리 레이더데이에게는 유년 시절 별을 본 경험이 각별하게 남았다. "어렸을 때 나는 별을 꿈꿨다. 별을 보면서 전 세계 어린이들이 같은 별을 바라보는 상상을 했고, 그것이 당시 내가 살던 작은 마을에서 했던 그 어떤 경험보다 내 시야를 확장하는 데 더 많은 도움이 되었다."

그녀는 별이 가득한 하늘을 보면서 인류에 대한 일말의 희망을 품는다. "우리가 협력하고 우리의 행동이 다른 사람에게 미치는 영향을 이해한다면 이 세상 문제의 대부분은 풀릴 수 있다. 우리는 그 두 가지 모두를 어두운 별하늘에서 배울 수 있다."

우리는 별을 향해 품었던 꿈을 공동의 행동으로 어떻게 실현하는지를 현대 우주 비행에서 보게 된다. 애초에 우주와 달을 향한 경주는 자국의 우월성을 입증하기 위한 노력이었으나 오늘날에는 우주학자들이 국제 우주 비행장에서 손을 잡고 함께 일한다. 우주 비행의 목표는 더 이상 국가 영역의 확장이 아니다. 사람들이 이 꿈이 합당한지를 확신조차 못할 때 힘을 합하여 별을 향해 손을 뻗는 데 있다. 우주 비행은 인류가 하나 될 때 무엇을 이뤄 낼 수 있는지를 보여 주는 강력한 상징이다.

지난 몇 년간 별과 우주에 대한 인간의, 특히 어린이와 청소년의 관심은 꾸준히 증가했다. 동시에 점점 더 많은 사람이 눈으로 직접 별을 볼 수 있는 기회를 잃었다. 별을 볼 수 있는 어두운 지역을 여행하는 상품들이 늘어나긴 했지만 여전히 어린이들과 노인들은 대부분 책과 영화 혹은 천문관을 통해 별을 접한다.

그런데도 천문학에 대한 사람들의 애정에는 변함이 없다. 아마 은하의 형성, 물질의 본질 그리고 도달할 수 없는 행성에 관한 질문이 우리가 누구인지, 어디에서 왔는지를 이해하도록 도와주기 때문일 것이다. 또한 지극히 실용적인 차원으로는, 천문학이 새로운 기술에 필요한 기본이 되기 때문일 것이다.

빛 공해 지도를 만든 파비오 팔치는 이렇게 말한다. "내 망원경을 통해 내 눈으로 직접 하늘을 관찰하는 것, 멀고 먼 곳에서 수십억 년이 넘게 여행한 퀘이사quasar의 광자가 내 망막을 어루만지도록 허락하는 것들이 바로 경험이다. 퀘이사는 연약한 별처럼 보이지만 나는 그렇지 않다는 것을 안다. 은하의 나선 팔을 보는 것, 구상성단*의 별들과 사멸한 별들이 남긴 기체 잔류물을 관찰하는 것은 같은 대상을 선명한 고해상도 컴퓨터 모니터로 보는 것과는 완전히 다른 경험이다. 그것은 마친 그랜

---

* 수십만 개에서 수백만 개의 별들이 공 모양으로 모여 있는 항성 집단.

드 캐니언을 엽서가 아닌 두 눈으로 보는 것과도 같다. 당신은 무엇을 선택하겠는가? 하지만 물어볼 새도 없이 빛 공해는 인간에게 엽서를 선택하도록 강요한다."

슈테판 발녀는 심지어 별하늘의 상실이 인간 사회에 부정적 영향을 미칠 수도 있다고 말한다. "아마 어두운 하늘은 모든 것을 되묻는 동기가 될 것이다. 그리고 우리가 더 이상 질문하지 않을 때, 전 세계에서는 오늘날 흔히 보는 일들이 벌어진다."

우리의 우주상을 바꾸어 놓은 스티븐 호킹Stephen Hawking은 2012년 발을 내려다보지 말고 고개를 들어 별을 바라보라고 당부했다. 왜 그랬을까? 우리에게 빛은 지식의 상징이고, 그래서 좋은 생각이 떠올랐을 때 전구에 불이 들어오는 것으로 표현하기도 한다. 하지만 별을 보는 것은 미래를 바라보는 것을 상징할 뿐만 아니라 우리 영혼에도 유익하다. 다양한 연구를 통해 밝혀진 바에 따르면, 똑바로 서거나 위를 바라보는 사람들이 더 긍정적이고, 더 창의적이고, 자신감이 강하고, 다른 사람보다 포기를 늦게 한다. 물론 우리가 꼭 별을 위해 몸가짐을 꼿꼿하게 하는 것은 아니다. 우리가 강의를 하거나 발표를 해야 할 때 우리 머리 위로 별하늘이 펼쳐져 있는 것도 아니다. 그래도 내 경험에 따르자면, 정기적으로 위를 올려다보는 사람은 자신감이 커진다.

UC 버클리의 대처 켈트너Dacher Keltner는 별하늘이 우리에게 불러일으키는 또 다른 감정인 경외심을 경험했다. 그는 다수의 연구를 통해 나무, 일출, 공룡 화석 그리고 별하늘 등의 자연물을 관찰하는 것이 우리에게 경이로움을 느끼게 한다는 사실을 확인했다. 그러면서 우리는 좀 더 창의적이 되고 우리의 공동체 감정도 강화된다. 켈트너의 실험에서 경외심을 경험한 사람들에게는 자신과 자신의 세계관을 돌이켜볼 용기가 생겼다. 그들은 스스로를 인간 종의 하나 이상으로 여겼고, 자기 자신의 문제에 집중을 덜 했으며, 자신을 둘러싼 환경에 대한 책임감을 더 강하게 느꼈다.[2] 그는 이타주의와 사회 연대주의를 촉진하는 경외감이 우리가 진화 과정에서 살아남는 데 필수적이었으리라 추측한다. 이는 로리 레이더데이가 유년 시절 별하늘을 보며 느꼈던 바로 그 감정이다.

밤하늘의 매력은 인종, 나이, 사회적 지위를 넘어 사람들을 하나로 묶어 준다. IDA의 존 바렌틴은 밤하늘 아래에서 사람들 간의 차이가 사라지고, 서로가 편견 없이 대하고, 대낮에는 일단 회의적으로 받아들였던 아이디어에도 마음을 여는 경험을 몇 번이고 겪었다.

오늘날 우리는 자연 그대로의 어둠을 경험하지 못하고 살아간다. 그로 인해 우리는 경외심을 경험할 기회도 잃어버렸다. 많은 사람이 자연을 경험하는 것이 중요하다고 말하면서도 더이상 자연환경에서 시간을 보내지는 않는다. 도시 주민들에게 자연은 실제적 경험이 아니라 낭만적 상상 안에 존재한다. 우리에게는 자연 파괴 또한 피상적인 주제로 다가온다. 잃어버린 자연과 우리가 아무런 관계를 맺지 못했기 때문이다.

우리 도시를 덮고 있는 거대한 빛 뚜껑은 우리의 시야를 제한해 경험의 지평에도 한계선을 긋는다. 우리는 생애의 큰 부분을 개인주의와 물질주의로 점철된 세계에 갇혀 지낸다. 우리는 세계화에도 불구하고 세상을 함께 살아가는 다른 인류들과의 관계를 잃어버렸다. 우리가 다른 의견과 충돌조차 할 필요 없는 각자의 울타리 안에만 머물기 때문이다. 그 안에서는 소셜네트워크가 개인적 관계를 대체하고, 가상 현실이 자연적 경험을 구석으로 몰아넣는다. 인공적 환경에 둘러싸인 우리는 경험마저도 인공적이 된 것이다.

우리 조상들은 고개를 들어 위를 쳐다보면서 자기 인생의 맥락을 이해하려 노력했다. 그런데 우리는 번쩍대는 가로등을 피해 고개를 아래로 숙이고, 오로지 우리 자신의 삶을 돌보는 데만 골몰하고 있다. 우리는 관심을 우리 자신에게서 떼어 내 더 먼 곳으로 돌려야 한다. 우리가 거대한 우주의 작은 일부에 불과하다는 것을 상기한다면, 미래에는 하나의 공동체가 되어 더 큰 목표를 향해 나아갈 수 있을 것이다.

진 로든버리Gene Roddenberry는 영화 〈스타트렉〉에서 우주를 인류 최후의 국경으로 규정했다. 이 국경이 빛 뚜껑 끄트머리에서 쪼그라들도록 내버려 두지 말자. 지금 당장 우리 자리에서 몸을 일으켜 고개를 들고 별을 보자.

강연이 끝나자 내 앞에 앉은 사람들은 생각에 잠긴 듯 조용해졌다. 그들의 나이는 저마다 다르지만 입장은 다르지 않다. 모두 환경 보호 단체에서 자원봉사자로 일하는 사람들이다. 마침내 한 젊은 여성이 입을 열었다. "이런 것에 대해서 거의 알지 못했어요." 몇몇이 고개를 끄덕여 동의를 표했다. "어째서 아무도 이런 이야기를 안 하는 거죠? 뭐라도 해야만 하잖아요!" 그래서 나는 이제 우리가 할 수 있는 일이 무엇인지를 설명하려 한다.

우리가 할 수 있는 일

우리는 너무 많은 환경 문제에 움츠러드는 시대를 살고 있다. 이미 지구상에 어마어마한 변화를 일으키는 기후 변화에 관한 전망은 점점 더 많은 사람을 두려움으로 몰아넣는다. 그리고 학자들은 우리 삶에 필수적인 요소로 인해 우리에게 또 다른 위기가 찾아올 것이라고 경고한다. 그 요소가 바로 빛이다. 사람들이 빛 공해를 가볍게 무시하는 것도 이해할 수 있다. 빛이 도처에 너무 많기 때문이다.

하지만 그렇다고 해서 빛 공해의 위험을 결코 과소평가해선 안 된다. 2018년에는 빛 방출에 관한 논문이 거의 매일 한 건씩 발표되었고, 대부분이 불길한 예언을 담고 있었다. 야간 인공조명에는 생태계를 근본적으로 변화시키고 우리 인간이 먹는 음식의 생산을 심각하게 저해할 잠재력이 있다. 먼저 이 작용 관계를 이해하는 지점에서 이야기를 시작하자.

연구 단체 '밤의 상실'의 코디네이터인 지빌레 슈로어는 다음과 같이 경고한다. "더 밝아진 밤 풍경으로 인한 우리 지구상의 변화는 아주 최근 들어 우리 삶의 하나가 된, 매우 젊은 실험이다. 지구 역사상 기후의 오르내림은 몇 차례 있었지만, 전기 불빛이 밤의 한 요소로 등장한 것은 100년 정도밖에 되지 않았고 그 강도와 범위는 급속도로 증가하고 있다." 그녀의 동료인 프란츠 휠커는 좀 더 분명하게 말한다. "자연 그대로의 밤이 지닌 생태적 지위가 위협받고 있다. 많은 종이 야간 조명의 증가로 인해 진화 생물학적으로 아직 적응하지 못한 생태 환경에 놓이게 되었다."

우리는 하나의 환경 문제를 피하느라 다른 문제를 키울 위험에도 놓여 있다. 에너지 효율을 위해 전 세계가 조명을 강한 청색광의 LED로 바꾸면서 그 부정적인 영향이 거의 모든 생태계에 미치게 되었다. 우리 자신을 기만하지 말자. 우리의 세계는 점점 더 밝아지고 있다. 우리는 더 적은 에너지로 같은 양의 빛을 생산해 내는 대신, 같은 양의 에너지로 더 많은 빛을 만들어 내고 있다. 기후 변화를 멈추지도 못하면서 밤의 어둠을 지워 버리고 우리의 세계를 망가뜨리고 있다.

여기에 빛 공해로 인간이 짊어지게 된 짐이 하나 더 있다. 과도한 조명은 우리의 교통안전과 밤의 어둠을 동시에 위협한다.

근본적으로는 우리의 건강과 신체적 그리고 정신적 안녕을 위협한다. 인간이 선글라스를 쓰고 빛이 차단되는 장비들로 외부 세계와 격리되는 것은 해법이 아니다. 사회가 빛이라는 도구의 사용에 다툼의 여지가 없도록 적절한 시간과 적절한 용량 그리고 합리적 사용법을 정하는 것이 해결책이다.

전 세계적으로 다양한 분야의 학자들이 빛과 어둠의 의미를 이해하는 작업을 하고 있다. 조명업계는 이미 학자들이 밝혀낸 사실을 환경친화적인 광원을 개발하는 데 활용하고 있다. 지금 부족한 것은 공적, 상업적, 개인적 차원으로 세분화된 조명 사용에 관한 규정과 광원을 사용하는 한 사람 한 사람의 문제의식이다.

독일 조명기술협회는 미래의 조명 기술은 강제적으로 그 양을 늘리기보다는 신중하게 선택된 장소에 우수한 품질의 빛을 설치하는 방향으로 나아갈 것으로 내다본다. 인간과 자연의 안녕을 위해 어둠이 보존돼야 한다는 것이 조명 전문가들의 공통된 견해다.3

애당초 우리에게 얼마나 많은 빛이 필요하냐는 질문에 생태학자인 켈리 펜돌리의 대답은 간명하다. "어둠 속으로 나아가 스스로에게 빛이 필요한지를 물어보고, 필요하다면 불을 딱 하나만 밝히라. 그것이 충분치 않으면 두 번째를 더하라. 0에서 시작해 당신이 충분히 밝다고 느낄 때까지 그 일을 계속 진행하라."

실제로 그녀의 조언을 따르면 우리에게 필요한 빛은 현재 사용되는 것보다 훨씬 적다는 것을 확인할 수 있다.

불 끄기는 어이없을 만큼 쉽고 간단하다. 오늘날 우리가 직면한 다른 환경 문제들에 비해 빛 공해는 대처하기 한결 쉽다. 우리 모두가 당장 오늘부터 어둠 보호에 작으나마 기여할 수 있다. 그러나 시계추는 멈추지 않는다. 진짜 어둠을 아는 사람들이 갈수록 줄어들고 있다. 그리고 어둠에 대한 두려움은 날로 커진다. 우리 할아버지들은 오늘날 사람들이 칠흑 같다고 일컫는 어둠 속에서도 유유히 밤마실을 다녔다. 그때는 야간 소등이 당연한 일이었으나 이제는 공포의 원인이 되었다.

시간이 지날수록 한 번 떠난 자리로 되돌아가기 힘들어진다. 그렇다고 우리 세계에서 어둠이 사라지는 것을 더 이상 두고만 볼 수도 없다. 모든 다른 생명체와 마찬가지로 인간에게는 빛과 어둠의 교차가 필요하다. 우리는 쏟아지는 햇살 아래에서 살고, 별빛 아래에서 자란다. 지금이야말로 우리의 행복과 삶의 터전, 자연과의 조화를 위기로 몰아넣지 않고서도 인공조명을 사용할 수 있는 방법을 고민할 시간이다. 그렇다고 너무 오래 머뭇대지는 말자. 그리고 지금보다 더 자주 불을 끄자!

빛 공해와 관련한 웹 사이트

별들의 친구 연합의 산하 연구 단체 '어두운 밤하늘Dark Sky'
www.lichtverschmutzung.de('국제어두운밤하늘협회'는 www.
darksky.org)
오스트리아 티롤 지방 환경 운동 연합의 캠페인 '밝은 위기'
www.hellenot.org
연구 단체 '밤의 상실' www.verlustdernacht.de
빛 공해를 주제로 한 유럽연합 캠페인 '스타스포올' www.
stars4all.eu
작가 개인 홈페이지 www.nachhaltig-beleuchten.de

별빛공원 웹 사이트

슈베비셰 알프 별빛공원 프로젝트 www.sternenpark-
schwaebische-alb.de

베스트하벨란트 별빛공원 www.sternenpark-westhavelland.de

뢴 별빛공원 www.sternenpark-rhoen.de, www.biosphaerenr
eservat-rhoen.de,/broschueren

아이펠 별빛공원 www.nationalpark-eifel.de/de/nationalpark-
erleben/sternenpark, www.sterne-ohne-grenzen.de

빈클무스아름 별빛공원 www.abenteuer-sterne.de/sternenpark-
winklmoosalm

빛 공해는 어떻게 측정할까?

빛 공해를 측정하는 방법은 다양하다. 파비오 팔치와 그의
동료들은 미국항공우주국NASA과 국립해양대기국NOAA의 핀
란드(수오미) 국가 극궤도 파트너십NPP 위성에 탑재된 VIIRS
센서가 수집한 정보를 활용했다. 크리스토퍼 키바와 다른 학자
들도 연구에 같은 정보를 활용했다.

VIIRS가 빛 공해를 측정하는 데 유용한 정보원이긴 하지만
약점이 한 가지 있다. 바로, 빛에서 파장이 짧은 청색 영역을 측
정하지 못한다는 점이다. LED가 방사하는 빛의 대부분을 감지
하지 못한다. 그래서 밀라노가 주백색 LED로 가로등을 교체하
기 전과 후의 VIIRS 촬영을 비교해 보면 오히려 교체 후에 도
시가 더 어두워진 것처럼 보인다. 하지만 사진으로 찍어 보면
정반대다. 그런 점에서 빛 공해 세계 지도는 물론이고 크리스

토퍼 키바의 연구들도 빛 공해의 정도를 실제보다 낮게 평가했을 가능성이 있다.

'밤의 도시들Cities at Night' 프로젝트는 연구 접근법을 달리했다. 이 프로젝트의 주창자인 알레한드로 산체스 데미겔Alejandro Sánchez de Miguel은 NASA로부터 200만여 건의 디지털 사진을 제공받아 분석했다. 국제 우주 정거장 카메라로 촬영한 사진들이었다. 프로젝트에 동참한 시민 과학자들은 이 사진들을 선별하여 도시별 지도를 구성했다. 이 사진과 지도에 대한 접근권은 분야를 막론하고 과학자 모두에게 열려 있다. 컴퓨터만 있으면 누구나 이 일에 동참할 수 있다.

우주에 도달한 빛의 양을 봤을 때 땅에서 하늘이 얼마나 밝은지를 알아보는 데는 한계가 있다. 하지만 자연과 인간, 사회에 미치는 영향을 연구하는 데는 매우 유용한 정보다.

밤하늘이 밝아지는 광경을 처음으로 관찰한 것은 천문학자들이었다. 관련한 측정도 당연히 그들 손에서 이뤄졌다. 그들은 하늘 상태 측정기 혹은 신형 TESS 광도계로 특정 면적당 밝기 단위mag/arcsec²를 측정해 하늘의 품질을 나타낸다. 용어가 다소 까다롭지만 원칙은 간단하다. 이 수치는 모든 별이 다 똑같은 밝기가 아니라 이른바 광도라고 불리는 밝기 등급에 따라 구분된다는 사실에 바탕을 둔다. 간단히 말해 특정 면적당 밝기는 주어진 하늘에서 얼마나 많은 별을 볼 수 있는지를 나타낸다. 측정값이 높을수록 품질이 좋다. 달이 뜨지 않은 자연 그대로의 별하늘의 밝기는 21.7mag/arcsec^{2}다. 이 수치의 하늘에서 우리는 별을 3,000개까지 볼 수 있다.

하늘 상태 측정기는 작고 가벼워서 손에 들고 다니기 좋다는 장점이 있다. 따라서 집에 두고 지속적인 측정을 하기 쉽다. 측정기를 갖고 있으면 스포츠 행사, 불꽃놀이, 야간 소등이 각각 어떤 영향을 미치는지를 알아볼 수 있다.

안드레아스 헤넬의 측정기는 때때로 경찰을 헷갈리게 만들기도 했다. 측정기가 설치된 그의 승용차는 교통경찰들의 의심을 사기에 딱 좋았다. 측정기가 도로를 직접 달린 결과, 한 지역에 대한 고해상도 정보가 수집되었으며 곳곳의 검은 얼룩들도 발견되었다. 이는 1997년 피에란토니오 신차노가 세상에 내놓은 빛 공해 지도에서는 기대할 수 없었던 것들이다.

누구나 측정기를 소지하는 것은 아니지만 과학이 빛과 빛공해에 대해 논거가 확실한 주장을 하려면 많은 측정값이 필요하다. 이 지점에서 몇몇 시민 과학자 프로젝트가 중요한 역할을 한다. 그중에서도 '밤의 지구Globe At Night'와 스마트폰 애플리케이션인 '밤의 상실'이 많은 기여를 하고 있다. 프로젝트 참가자들은 특정 시간에 하늘을 바라보고 특정 별이 보이는지를 기록한다. 이는 연구를 위한 정보 수집을 위한 것만은 아니다. 밤하늘을 잃어가고 있다는 인식을 도모하기 위해서다. 아이폰 사용자라면 '어두운 하늘 측정기Dark Sky Meter' 애플리케이션을 다운로드해서 아이폰에 장착된 카메라로 하늘의 밝기를 측정할 수도 있다.

　당신이 어떤 방법을 택하든 그렇게 수집된 정보는 프로젝트들에 공유된다. 빛 공해의 진행에 관해 가능하면 많은 정보를 수집하기 위해서다. 밤 보호 운동가들에게는 이 정보 하나하나가 매우 소중하다.

얼마나 밝을까?

광원	럭스lx	제곱미터당 칸델라cd/㎡
여름철 한낮의 태양광	~129,000	8,000
환하게 불을 밝힌 축구장	1,600	
흐린 오후	100~2,000	32~640
사무실 조명	〈 500	
거실 조명	〈 200	
너무 환하게 밝은 거리	70~150	10
보름달의 최대치	0.3	
여름철 보름달	0.05~0.1	
달이 없는 흐린 날 도시의 밤하늘	0.030~0.55	0.009~0.17
달이 없는 맑은 날 도시의 밤하늘	0.007~0.065	0.00023~0.021
달이 없는 흐린 날 시골의 밤하늘	0.0007~0.009	0.00025~0.0027
달이 없는 맑은 날 시골의 밤하늘	0.0007~0.003	0.00025~0.0008
은하가 없는 맑은 별하늘	0.0006	0.0002~0.0003

더 읽을거리

다양한 광원의 색온도

광원	켈빈K
해 질 무렵	900~12,000
안개	7,500~8,500
정오의 태양	5,500~5,800
달빛	4,000~5,500
백색 발광체 전등	4,000
할로겐 전등	2,700~2,800
일출·일몰	2,500~2,600
백열등	2,600~2,800
나트륨증기등	2,000
촛불	1,500

감사의 말

이 책을 쓰느라 다양한 분야로 긴 여행을 했다. 사람들의 도움이 없었더라면 감히 하지 못했을 여행이다. 프란츠 횔커는 나를 빛 공해의 세계로 인도했고, 밤의 상실팀은 분야를 넘나들며 생각하고 말하는 방법을 가르쳐 주었다. 에이전트인 다니엘 무르사Daniel Mursa는 이 책을 쓸 기회를 주었고, 편집자인 안체 뢰트거스Antje Röttgers와 요하나 랑마크Johanna Langmaack는 기회가 현실이 되도록 도와주었다.

빛에는 무지개 색깔처럼 다양한 면이 있다. 그래서 나는 내 인터뷰 상대들의 안내와 협조에 감사를 표한다. 안드레아스 헤넬, 크리스토퍼 키바, 알레한드로 산체스 데미겔, 파비오 팔치, 우테 하젠오를Ute Hasenohrl, 존 바렌틴, 다비드 갈라디엔리케스, 디트리히 헨켈, 토마스 칸테르만, 리처드 스티븐슨, 크리스티안 포크트, 지빌레 슈로어, 앤 울스브룩, 켈리 펜돌리, 리즈 퍼킨, 마야 그루비지크, 베네딕트 허긴스, 폴 마천트, 둔야 스토르프, 루디 자이브트, 조지앙 마이어, 프란츠 로트, 카롤리나

감사의 말

치린스카다브코프스카, 에타 다네만, 율리 옥사넨, 슈테판 폴커Stephan Völker, 사라 프리처드Sara Pritchard, 하랄트 바르덴하겐, 자비네 프랑크, 슈테판 발너 그리고 로리 레이더데이.

나는 또한 잘못된 조명이 얼마나 많은 고통을 초래할 수 있는지를 알려 준 안드레아 콜레츠키Andrea Kolletzki, 비키 영 외에도 여러 사람들에게 감사한다.

그 외에도 크리스티안 자이플Christian Seipl, 미케 슈나이더Mike Schneider, 트론예 크롭Tronje Krop, 일카 바이디히Ilka Weidig, 다니엘라 슈미트Daniela Schmitt, 요나스 바이어Jonas Beier, 아르투르 바이어Arthur Beier, 마이카 겐츠Maika Genz, 마리옹 뎀멜Marion Demmel, 미하엘 폰 베르크Michael von Berg, 미하엘 멜힝거Michael Melchinger가 이 책을 성실하게 읽고 의견과 질문을 준 덕분에 모두가 이해할 책을 만들 수 있었다.

그리고 나를 도와주고, 배려해 주고, 이 책의 내용에 대해 격렬하게 토론해 준 내 가족들에게도 진심으로 감사한다.

이 책에 담지 못한 목소리가 있다. 수년간 오스트리아에서 밤 풍경을 지키기 위해 엄청나게 노력했던 토마스 포슈는 너무 빨리 우리 곁을 떠났다. 우리가 하는 일은 계속 그의 신념과 함께할 것이다.

1부 | 빛이 있으라

1 Cinzano P, Falchi F, Elvidge CD. 2001. The first World Atlas of the artificial night sky brightness. Mon Not R Astron Soc 328(3):689 – 707.

2 Falchi F, Cinzano P, Duriscoe D, et al. 2016. The New World Atlas of Artificial Night Sky Brightness. Sci Adv 2:e1600377.

3 Kuechly HU, Kyba CCM, Ruhtz T, et al. 2012. Aerial survey and spatial analysis of sources of light pollution in Berlin, Germany. Remote Sens Environ 126 : 39 – 50.

4 Leitfaden Besseres Licht. Alternativen zum Lichtsmog. 2013.

5 Holker F, Moss T, Griefahn B, et al. 2010. The Dark Side of Light: A Transdisciplinary Research Agenda for Light. Ecol Soc 15(4):13.

6 Leitfaden Besseres Licht. Alternativen zum Lichtsmog. 2013.

7 Schiller C, Kuhn T, Boll M, Khanh TQ. 2009. Straßenbeleuchtung mit LEDs und konventionellen Lichtquellen im Vergleich – Eine licht – und wahrnehmungstechnische Analyse aus einer wissenschaftlich begleiteten Teststraße in Darmstadt. Lichttechnik 10 : 740 – 746.

8 Kyba CCM, Kuester T, de Miguel AS, et al. 2017. Artificially lit

surface of Earth at night increasing in radiance and extent. Sci Adv 3:e1701528.

2부 | 인간

1 Bundesanstalt fur Arbeitsschutz und Arbeitsmedizin. Arbeitszeitreport Deutschland 2016.; 2016.

2 Grønli J, Byrkjedal IK, Bjorvatn B et al. 2016. Reading from an iPad or from a book in bed: The impact on human sleep. A randomized controlled crossover trial. Sleep Med 21 : 86−92.

3 Chang A, Aeschbach D, Duffy JF, Czeisler CA. 2015. Evening use of light−emitting eReaders negatively affects sleep, circadian timing, and next−morning alertness. Proc Natl Acad Sci USA 112(4): 1232− 1237.

4 Cajochen C, Frey S, Anders D, et al. 2011. Evening exposure to a light−emitting diodes (LED)−backlit computer screen affects circadian physiology and cognitive performance. J Appl Physiol 110(March):1432−1438.

5 Figueiro M, Overington D. 2016. Self−luminous devices and melatonin suppression in adolescents. Light Res Technol 48(8):966−975.

6 Phillips AJK, Vidafar P, Burns AC, et al. 2019. High sensitivity and inter individual variability in the response of the human circadian system to evening light. PNAS:1901824116.

7 Rea M, Figueiro MG. 2018. LRC Response to the American Medical Association (AMA) Report on LED Lighting. https://www.youtube.com/watch?v=2BcfcONrm58.

8 Celma. 2011. Optical safety of LED lighting.

9 Behar-Cohen F, Martinsons C, Vienot F, et al. 2011. Light-emitting diodes (LED) for domestic lighting: Any risks for the eye? Prog Retin Eye Res 30(4):239－257.

10 Celma. 2011. Optical safety of LED lighting.

11 Behar-Cohen F, Martinsons C, Vienot F, et al. 2011. Light-emitting diodes (LED) for domestic lighting: Any risks for the eye? Prog Retin Eye Res 30(4):239－257.

12 Ratnayake K, Payton JL, Lakmal OH, Karunarathne A. 2018. Blue light excited retinal intercepts cellular signaling. Sci Rep 8(1):1－16.

13 Hafner M, Stepanek M, Taylor J, et al. 2016. Why sleep matters － the economic costs of insufficient sleep. A cross-country comparative analysis. RAND Cooperation, Santa Monica.

14 Obayashi K, Saeki K, Kurumatani N. 2014. Association between light exposure at night and insomnia in the general elderly population: The HEIJO-KYO cohort. Chronobiol Int 31(9):976－982.

15 Falchi F, Cinzano P, Duriscoe D, et al. 2016. The New World Atlas of Artificial Night Sky Brightness. Sci Adv 2:e1600377.

16 Koo YS, Song JY, Joo EY, et al. 2016. Outdoor artificial light at night, obesity, and sleep health: Cross-sectional analysis in the KoGES study. Chronobiol Int 33(3):301－314.

17 Suh Y-W, Na K-H, Ahn S-E, Oh J. 2018. Effect of Ambient Light Exposure on Ocular Fatigue during Sleep. J Korean Med Sci 33(38):1－9.

18 Min J, Min K. 2018. Outdoor Artificial Nighttime Light and Use of Hypnotic Medications in Older Adults: A Population-Based Cohort

Study. J Clin Sleep Med 14(11):1903 – 1910.

19 Obayashi K, Saeki K, Kurumatani N. 2017. Bedroom Light Exposure at Night and the Incidence of Depressive Symptoms: A Longitudinal Study of the HEIJO-KYO Cohort. Am J Epidemiol 187(3):427 – 434.

20 Figueiro M, Overington D. 2016. Self-luminous devices and melatonin suppression in adolescents. Light Res Technol 48(8):966 – 975.

21 Min J, Min K. 2017. Outdoor light at night and the prevalence of depressive symptoms and suicidal behaviors: A cross-sectional study in a nationally representative sample of Korean adults. J Affect Disord 227 : 199 – 205.

22 Obayashi K, Saeki K, Iwamoto J, et al. 2013. Exposure to light at night, nocturnal urinary melatonin excretion, and obesity/dyslipidemia in the elderly: A cross-sectional analysis of the HEIJO-KYO study. J Clin Endocrinol Metab 98(1):337 – 344.

23 McFadden E, Jones ME, Schoemaker MJ, et al. 2014. The relationship between obesity and exposure to light at night: Cross-sectional analyses of over 100,000 women in the breakthrough generations study. Am J Epidemiol 180(3):245 – 250.

24 Rybnikova NA, Haim A, Portnov BA. 2016. Does artificial light-at-night exposure contribute to the worldwide obesity pandemic? Int J Obes 40(5):815 – 823.

25 Koo YS, Song JY, Joo EY, et al. 2016. Outdoor artificial light at night, obesity, and sleep health: Cross-sectional analysis in the KoGES study. Chronobiol Int 33(3):301 – 314.

26 Obayashi K, Saeki K, Iwamoto J, et al. 2014. Association between

light exposure at night and nighttime blood pressure in the elderly independent of nocturnal urinary melatonin excretion. Chronobiol Int 31(6):779 –786.

27 Johns LE, Jones ME, Schoemaker MJ, et al. 2018. Domestic light at night and breast cancer risk: a prospective analysis of 105 000 UK women in the Generations Study. Br J Cancer 118(4):600 –606.

28 Kloog I, Haim A, Stevens RG, et al. 2008. Light at Night Co-distributes with Incident Breast but not Lung Cancer in the Female Population of Israel. Chronobiol Int 25(1):65 –81.

29 Kim YJ, Lee E, Lee HS, et al. 2015. High prevalence of breast cancer in light polluted areas in urban and rural regions of South Korea: An ecologic study on the treatment prevalence of female cancers based on National Health Insurance data. Chronobiol Int 32(5):657 –667.

30 Bauer SE, Wagner SE, Burch J et al. 2013. A case-referent study: light at night and breast cancer risk in Georgia. Int J Health Geogr 12(1):23.

31 Keshet-Sitton A, Or-Chen K, Yitzhak S, et al. 2017. Light and the City: Breast Cancer Risk Factors Differ between Urban and Rural Women in Israel. Integr Cancer Ther 16(2):176 –187.

32 Keshet-Sitton A, Or-Chen K, Yitzhak S, et al. 2016. Can Avoiding Light at Night Reduce the Risk of Breast Cancer? Integr Cancer Ther 15(2):145 –152.

33 Kloog I, Haim A, Stevens RG, et al. 2008. Light at Night Co-distributes with Incident Breast but not Lung Cancer in the Female Population of Israel. Chronobiol Int 25(1):65 –81.

34 Rybnikova NA, Haim A, Portnov BA. 2017. Is prostate cancer inci-

dence worldwide linked to artificial light at night exposures? Review of earlier findings and analysis of current trends. Arch Environ Occup Heal. 72(2):111 – 122.

35 Rybnikova N, Portnov BA. 2018. Population-level study links short-wavelength nighttime illumination with breast cancer incidence in a major metropolitan area. Chronobiol Int 35(7):1198 – 1208.

36 Garcia-Saenz A, Sanchez De Miguel A, Espinosa A, et al. 2018. Evaluating the Association between Artificial Light-at-Night Exposure and Breast and Prostate Cancer Risk in Spain (MCC-Spain Study). Environ Health Perspect 126(4):1 – 11.

37 Dauchy RT, Xiang S, Mao L, et al. 2014. Circadian and melatonin disruption by exposure to light at night drives intrinsic resistance to tamoxifen therapy in breast cancer. Cancer Res. 74(15):4099 – 4110.

3부 | 자연

1 Holker F, Moss T, Griefahn B, et al. 2010. The Dark Side of Light: A Transdisciplinary Research Agenda for Light. Ecol Soc 15(4):13.

2 Kramer KM, Birney EC. 2001. Effect of light intensity on activity patterns of patagonian leaf eared mice, Phyllotis xanthopygus. J Mammal 82(2):535 – 544.

3 Brillhart DB, Kaufman DW. 1991. Influence of Illumination and Surface Structure on Space Use by Prairie Deer Mice (Peromyscus maniculatus bairdii). J Mammal 72(4):764 – 768.

4 Vasquez RA. 1994. Assessment of predation risk via illumination level: facultative central place foraging in the cricetid rodent Phyllotis darwi-

ni. Behav Ecol Sociobiol 34(5):375 – 381.

5 Le Tallec T, Perret M, Thery M. 2013. Light pollution modifies the expression of daily rhythms and behavior patterns in a nocturnal primate. PLoS One 8(11): e79250.

6 Dwyer RG, Bearhop S, Campbell HA, Bryant DM. 2013. Shedding light on light: Benefits of anthropogenic illumination to a nocturnally foraging shorebird. J Anim Ecol 82(2):478 – 485.

7 Voigt CC, Lewanzik D. 2011. Trapped in the darkness of the night: thermal and energetic constraints of daylight flight in bats. Proc R Soc B Biol Sci 278(1716):2311 – 2317.

8 Svensson AM, Rydell J. 1998. Mercury vapour lamps interfere with the bat defence of tympanate moths (Operophtera spp.: Geometridae). Anim Behav 55(1):223 – 226.

9 Tomassini A, Colangelo P, Agnelli P, et al. 2014. Cranial size has increased over 133 years in a common bat, Pipistrellus kuhlii: A response to changing climate or urbanization? J Biogeogr 41(5):944 – 953.

10 Rydell J, Eklof J, Sanchez-Navarro S. 2017. Age of enlightenment: longterm effects of outdoor aesthetic lights on bats in churches. R Soc Open Sci 4(8):161077.

11 Boldogh S, Dobrosi D, Samu P. 2007. The effects of the illumination of buildings on house-dwelling bats and its conservation consequences. Acta Chiropterologica 9(2):527 – 534.

12 Owens ACS, Meyer-Rochow VB, Yang E. 2018. Short- and mid-wavelength artificial light influences the flash signals of Aquatica ficta fireflies (Coleoptera: Lampyridae). PlosOne 13(2):1 – 14.

13 Muheim R, Sjoberg S, Pinzon-Rodriguez A. 2016. Polarized light modulates light-dependent magnetic compass orientation in birds. Proc Natl Acad Sci 113(6):1654 – 1659.

14 Dacke M, Baird E, Byrne M, et al. 2013. Dung beetles use the milky way for orientation. Curr Biol 23(4):298 – 300.

15 Kyba CCM, Ruhtz T, Fischer J, Holker F. 2011. Lunar skylight polarization signal polluted by urban lighting. J Geophys Res Atmos 116(24):1 – 6.

16 Eisenbeis G, Hassel F. 2000. Zur Anziehung nachtaktiver Insekten durch Straßenlaternen – Eine Studie kommunaler Beleuchtungsein-richtungen in der Agrarlandschaft Rheinhessens. Natur und Landschaft 2000 : 145 – 146.

17 Degen T, Mitesser O, Perkin EK, et al. 2016. Street lighting: sex-in-dependent impacts on moth movement. J Anim Ecol 85(5):1352 – 1360.

18 Perkin EK, Holker F, Tockner K. 2014. The effects of artificial light-ing on adult aquatic and terrestrial insects. Freshw Biol 59 : 368 – 377.

19 Eisenbeis G, Eick K. 2011. Studie zur Anziehung nachtaktiver Insek-ten an die Straßenbeleuchtung unter Einbeziehung von LEDs. Natur und Landschaft 86 (7):298 – 306.

20 Pawson SM, Bader MKF. 2014. LED lighting increases the ecological impact of light pollution irrespective of color temperature. Ecol Appl 24(7):1561 – 1568.

21 Wakefield A, Broyles M, Stone EL, et al. 2017. Quantifying the at-tractiveness of broad-spectrum street lights to aerial nocturnal insects. J Appl Ecol 55(2):714 – 722.

22 Longcore T, Aldern HL, Eggers JF, et al. 2015. Tuning the white light spectrum of light emitting diode lamps to reduce attraction of nocturnal arthropods. Philos Trans R Soc B-Biological Sci 370(1667):20140125.

23 Longcore T, Rodriguez A, Witherington B, et al. 2018. Rapid assessment of lamp spectrum to quantify ecological effects of light at night. J Exp Zool Part A Ecol Integr Physiol 329(8-9):511-521.

24 Longcore T, Rich C, Mineau P, et a. 2012. An Estimate of Avian Mortality at Communication Towers in the United States and Canada. PLoS One 17(4):e34025.

25 Loss SR, Will T, Marra PP. 2015. Direct Mortality of Birds from Anthropogenic Causes. Annu Rev Ecol Evol Syst 46(1):99-120.

26 Haupt H. 2009. Der Letzte macht das Licht an! - Zu den Auswirkungen leuchtender Hochhauser auf den nachtlichen Vogelzug am Beispiel des 《Post-Towers》in Bonn. Charadrius 45(1):1-19.

27 Van Doren BM, Horton KG, Dokter AM, et al. 2017. High-intensity urban light installation dramatically alters nocturnal bird migration. Proc Natl Acad Sci 114(42):11175-11180.

28 Rodriguez A, Arcos JM, Bretagnolle V, et al. 2019. Future Directions in Conservation Research on Petrels and Shearwaters. Front Mar Sc 6 : 94.

29 Salmon M. Protecting Sea Turtles from Artificial Night Lighting at Florida's Oceanic Beaches. In: Rich C, Longcore T (Hrsg.). Ecological Consequences of Artificial Night Lighting. Island Press: S. 329.

30 Pailthorp B. 2018. Light Pollution Identified As Potential Issue For Threatened Puget Sound Chinook Salmon. www.knkx.org. Zugriff

28. 02. 2018.

31 Kaniewska P, Alon S, Karako-Lampert S, Hoegh-Guldberg O, Levy O. 2015. Signaling cascades and the importance of moonlight in coral broadcast mass spawning. Elife 4: e0999.

32 Schroer S, Holker F. Impact of lighting on flora and fauna. 2016. In: Karlicek R, Sun C-C, Zissis G, Ma R (Hrsg.). Handbook of Advanced Lighting Technology. Springer: S. 1 – 33.

33 Kronfeld-Schor N, Dominoni D, de la Iglesia H, et al. 2013. Chronobiology by moonlight. Proc R Soc B Biol Sci 280(1765):1 – 11.

34 Ratto F, Simmons BI, Spake R, et al. 2018. Global importance of vertebrate pollinators for plant reproductive success: a meta-analysis. Front Ecol Environ. 16(2):82 – 90.

35 Hallmann CA, Sorg M, Jongejans E, et al. 2017. More than 75 percent decline over 27 years in total flying insect biomass in protected areas. PLoS One 12(10):e0185809.

36 Macgregor CJ, Pocock MJO, Fox R, Evans DM. 2015. Pollination by nocturnal Lepidoptera, and the effects of light pollution: a review. Ecol Entomol 40 : 187 – 198.

37 Knop E, Zoller L, Ryser R, et al. 2017. Artificial light at night as a new threat to pollination. Nature 548 : 206 – 209.

38 Macgregor CJ, Pocock MJO, Fox R, Evans DM. 2019. Effects of street lighting technologies on the success and quality of pollination in a nocturnally pollinated plant. Ecosphere 10(1):e02550.

39 Ratto F, Simmons BI, Spake R, et al. 2018. Global importance of vertebrate pollinators for plant reproductive success: a meta-analysis. Front Ecol Environ. 16(2):82 – 90.

40 Lewanzik D, Voigt CC. 2014. Artificial light puts ecosystem services of frugivorous bats at risk. J Appl Ecol 51 : 388 – 394.

41 Nordt A, Klenke R. 2013. Sleepless in Town – Drivers of the Temporal Shift in Dawn Song in Urban European Blackbirds. PlosOne 8(8): 1 – 10.

42 Raap T. 2018. Effects of artificial light on the behaviour and physiology of free-living songbirds. Universiteit Antwerpen

43 Da Silva A, Valcu M, Kempenaers B. 2015. Light pollution alters the phenology of dawn and dusk singing in common European songbirds. Philos Trans R Soc London B Biol Sci 370(1667):1 – 9.

44 Kempenaers B, Borgstrom P, Loes P, et al. 2010. Artificial night lighting affects dawn song, extra-pair siring success, and lay date in songbirds. Curr Biol 20(19):1735 – 1739.

45 Jong M De, Ouyang JQ, Silva A Da, et al. 2015. Effects of nocturnal illumination on life-history decisions and fitness in two wild songbird species. Phil Trans R Soc B 370(1667):1 – 8.

46 Kempenaers B, Borgstrom P, Loes P, et al. 2010. Artificial night lighting affects dawn song, extra-pair siring success, and lay date in songbirds. Curr Biol 20(19):1735 – 1739.

47 Da Silva A, Valcu M, Kempenaers B. 2015. Light pollution alters the phenology of dawn and dusk singing in common European songbirds. Philos Trans R Soc London B Biol Sci 370(1667):1 – 9.

48 Raap T. 2018. Effects of artificial light on the behaviour and physiology of free-living songbirds. Universiteit Antwerpen.

49 Dominoni DM, Quetting M, Partecke J. 2013. Long-term effects of chronic light pollution on seasonal functions of European blackbirds

(Turdus merula). PLoS One 8(12):1 −9.

50 Kronfeld-Schor N, Dominoni D, de la Iglesia H, et al. 2013. Chronobiology by moonlight. Proc R Soc B Biol Sci 280(1765):1 −11.

51 Biebouw K, Blumstein DT. 2003. Tammar wallabies (Macropus eugenii) associate safety with higher levels of nocturnal illumination. Ethol Ecol Evol 15(2):159 −172.

52 Robert KA, Lesku JA, Partecke J, Chambers B. 2015. Artificial light at night desynchronizes strictly seasonal reproduction in a wild mammal. Proc R Soc B Biol Sci 282(1816):20151745.

53 Zubidat AE, Ben-Shlomo R, Haim A. 2007. Thermoregulatory and endocrine responses to light pulses in short-day acclimated social voles (Microtus socialis). Chronobiol Int 24(2):269 −288.

54 Matzke, ED. 1933. The Effect of Street Lights in Delaying Leaf-Fall in Certain Trees. Am J Bot 23(6): 446 −452.

55 Massetti L. 2018. Assessing the impact of street lighting on Platanus x acerifolia phenology. Urban For Urban Green 34 : 71 −77.

56 ffrench-Constant RH, Somers-Yeates R, Bennie J, et al. 2016. Light pollution is associated with earlier tree budburst across the United Kingdom. Proc R Soc B Biol Sci 283(1833):20160813.

57 Perkin EK, Holker F, Tockner K, Richardson JS. 2014. Artificial light as a disturbance to light-naive streams. Freshw Biol 59 : 2235 −2244.

58 Manfrin A, Singer G, Larsen S, et al. 2017. Artificial Light at Night Affects Organism Flux across Ecosystem Boundaries and Drives Community Structure in the Recipient Ecosystem. Front Environ Sci 5 : 61.

59 Willmott NJ, Henneken J, Selleck CJ, Jones TM. 2018. Artificial

light at night alters life history in a nocturnal orb-web spider. PeerJ 6:e5599.

60 Marczak LB, Richardson JS. 2008. Growth and development rates in a riparian spider are altered by asynchrony between the timing and amount of a resource subsidy. Oecologia 156 : 249-258.

61 Schroer S, Holker F. Impact of lighting on flora and fauna. 2016. In: Karlicek R, Sun C-C, Zissis G, Ma R (Hrsg.). Handbook of Advanced Lighting Technology. Springer: S. 1-33.

62 Czaczkes TJ, Bastidas-Urrutia AM, Ghislandi P, Tuni C. 2018. Reduced light avoidance in spiders from populations in light-polluted urban environments. Sci Nat 105 : 64.

63 Moore M, Pierce S, Walsh H, et al. 2000. Urban light pollution alters the diel vertical migration of Daphnia. Int Vereinigung fur Theor und Angew Limnol Verhandlungen 27(1-4):779-782.

64 Ludvigsen M, Berge J, Geoffroy M, et al. 2018. Use of an Autonomous Surface Vehicle reveals small-scale diel vertical migrations of zooplankton and susceptibility to light pollution under low solar irradiance. Sci Adv 4(1):eaap9887.

65 Poulin C, Cockshutt AM. 2013. The impact of light pollution on diel Changes in the photophysiology of Microcystis aeruginosa. J Plankton Res 36(1):286-291.

66 Schroer S, Holker F. Impact of lighting on flora and fauna. 2016. In: Karlicek R, Sun C-C, Zissis G, Ma R (Hrsg.). Handbook of Advanced Lighting Technology. Springer: S. 1-33.

67 Palmer M, Gibbons R, Bhagavathula R, et al. 2017. Roadway Lighting's Impact on Altering Soybean Growth. Research Report No.

FHWA-ICT-17 -010. Illinois Center for Transportation.

68 Bennie J, Davies TW, Cruse D, et al. 2015. Cascading effects of artificial light at night: resource-mediated control of herbivores in a grassland ecosystem. Philos Trans R Soc Lond B Biol Sci 370(1667):20140131.

69 Kwak M, Je S, Cheng H, et al. 2018. Night Light-Adaptation Strategies for Photosynthetic Apparatus in Yellow-Poplar (Liriodendron tulipifera L.) Exposed to Artificial Night Lighting. Forests 9(2):74.

70 Rich C, Longcore T. 2006. Ecological Consequences of Artificial Night Lighting. Island Press.

71 Longcore T, Rodriguez A, Witherington B, et al. 2018. Rapid assessment of lamp spectrum to quantify ecological effects of light at night. J Exp Zool Part A Ecol Integr Physiol 329(8 -9):511 -521.

4부 | 규제와 갈등

1 Amtsgericht Siegen, Az 12 C 591/02, Urteil vom 08. 04. 2003.

2 Oberlandesgericht Karlsruhe, Az 12 U 40/17, Urteil vom 20. 02. 2018.

3 Landgericht Wiesbaden, Az 10 S 46/01, Urteil vom 19. 12. 2001.

4 Oberlandesgericht Celle, Az 9 U 192/03, Urteil vom 22. 12. 2003.

5 Verwaltungsgericht Munchen, Az M 19 K 17.4863, Urteil vom 28. 11. 2018.

5부 | 도시

1 Welsh BC, Farrington DP. 2002. Effects of improved street lighting on crime: a systematic review. Campbell Syst Rev (13):59.

2 Marchant P. 2017. Why Lighting Claims Might Well Be Wrong. International Journal of Sustainable Lighting 19 : 69 – 74.

3 Steinbach R, Perkins C, Tompson L, et al. 2015. The effect of reduced street lighting on road casualties and crime in England and Wales: controlled interrupted time series analysis. J Epidemiol Community Health 69(11):1118 – 1124.

4 Sherman W, Gottfredson DC, MacKenzie DL, et al. (Hrsg.) 1997. Preventing Crime: What Works, What Doesn't, What's Promising. National Institute of Justice.

5 Fotios S, Gibbons R. 2018. Road lighting research for drivers and pedestrians:The basis of luminance and illuminance recommendations. Light Res Technol 50(1):154 – 186.

6 Fotios S, Uttley, J. 2016. Illuminance required to detect a pavement obstacle of critical size. Light Res Technol: 1 – 15.

7 Steinbach R, Perkins C, Tompson L, et al. 2015. The effect of reduced street lighting on road casualties and crime in England and Wales: controlled interrupted time series analysis. J Epidemiol Community Health 69(11):1118 – 1124.

8 Pauen-Hoppner U, Hoppner M. 2018. Beleuchtung und Sicherheit: Offentliche Beleuchtung. FGS Berlin.

9 Jin H, Jin S, Chen L, et al. 2015. Research on the Lighting Performance of LED Street Lights with different Color Temperatures. IEEE Photonics J 7(6).

10 Jin H, Jin S, Chen L, et al. 2015. Research on the Lighting Performance of LED Street Lights with different Color Temperatures. IEEE Photonics J 7(6).

11 Meier JM. 2018. Temporal Profiles of Urban Lighting: Proposal for a research design and first results from three sites in Berlin. Int J Sustain Light 19(2):142.

12 Kyba CM, Mohar A, Pintar G, Stare J. 2017. Reducing the environmental footprint of church lighting: matching facade shape and lowering luminance with the EcoSky LED. Int J Sustain Light. 19(2):132−141.

6부 | 어둠의 가치

1 Shariff NN, Hamidi ZS, Faid MS. 2017. The Impact of Light Pollution on Islamic New Moon (hilal) Observation. Int J Sustain Light 19: 10−14.

2 Shiota MN, Keltner D, Mossman A. 2007. The nature of awe: Elicitors, appraisals, and effects on self-concept. Cogn Emot 21(5):944−963.

3 Deutsche Lichttechnische Gesellschaft. 2019. Hamburger Aufruf zur Zukunft Licht.

우리의 밤은
너무 밝다

2021년 5월 25일 초판 1쇄 인쇄
2021년 6월 3일 초판 1쇄 발행

지은이 | 아네테 크롭베네슈
옮긴이 | 이지윤

발행인 | 윤호권 박헌용
본부장 | 김경섭
책임편집 | 정상미

발행처 | (주)시공사
출판등록 | 1989년 5월 10일 (제3-248호)

주소 | 서울특별시 성동구 상원1길 22, 7층 (우편번호 04779)
전화 | 편집 (02)3487-1151, 마케팅 (02)2046-2800
팩스 | 편집 · 마케팅 (02)585-1755
홈페이지 www.sigongsa.com

ISBN 979-11-6579-582-5 03400